故事里的心理学

周东升　边国林　主编

·北京·

图书在版编目（CIP）数据

故事里的心理学 / 周东升，边国林主编. —北京：科学技术文献出版社，2020.12
（2022.3重印）
ISBN 978-7-5189-7552-5

Ⅰ.①故… Ⅱ.①周… ②边… Ⅲ.①心理学—通俗读物 Ⅳ.① B84-49

中国版本图书馆 CIP 数据核字（2020）第 266215 号

故事里的心理学

| 策划编辑：孙江莉 | 责任编辑：崔灵菲　胡远航 | 责任校对：王瑞瑞 | 责任出版：张志平 |

出　版　者	科学技术文献出版社
地　　　址	北京市复兴路15号　邮编 100038
编　务　部	（010）58882938，58882087（传真）
发　行　部	（010）58882868，58882870（传真）
邮　购　部	（010）58882873
官 方 网 址	www.stdp.com.cn
发　行　者	科学技术文献出版社发行　全国各地新华书店经销
印　刷　者	北京虎彩文化传播有限公司
版　　　次	2020 年 12 月第 1 版　2022 年 3 月第 2 次印刷
开　　　本	710×1000　1/16
字　　　数	132千
印　　　张	9.75
书　　　号	ISBN 978-7-5189-7552-5
定　　　价	48.00元

版权所有　违法必究

购买本社图书，凡字迹不清、缺页、倒页、脱页者，本社发行部负责调换

编委会名单

主　　编：周东升　边国林
副 主 编：于　畅　郑　宏　应美艳
编　　委：唐亚芳　张卓瑜　徐银儿　罗贤海
　　　　　胡芳珍　霍云翠　陈　赞　陆　寅
　　　　　朱　辉　侯广伟　韩　琦　周海云
　　　　　姚　琴　叶倩文　徐学文　黄敏芳
学术秘书：陆　寅

前　言

这是最好的时代，人们感受到了社会前所未有的发展和变化，但过快的生活节奏也带来了一系列的社会和心理问题，最终引发各种健康问题和疾病。心理学现在已经成了一个热词和热点领域，这在以前是难以想象的。我们现在追求的是更高层次的美好生活，而心理生活的健康幸福则是美好生活的重要组成部分。

一个没有自知之明的人，无论何时何地，总会有无数的坎坷和障碍等着他。学习心理学会让我们更明智。心理学涉及知觉、认知、情绪、人格、行为、人际关系、社会关系等许多领域，也与日常生活的许多领域如家庭、教育、健康等相关联。

然而，学习心理学并不容易。经常有人抱怨国内外高校的心理学教科书枯燥难懂，令人兴味索然。虽然市面上的心理学书籍让人眼花缭乱，网上和书店里与心理学相关的畅销书籍一抓一大把，可是买下来读又觉得内容太水，花时间去读它们似乎没什么意义，感觉心理学既神秘又难懂。

如何快速地学习心理学并学以致用呢？每个人都喜欢看故事、读故事，本书从49个简单的小故事入手，深入浅出地剖析了心理学在社会生活各个领域的广泛应用和心理学规律对人们生活的作用，以及各种心理问题产生的原因和解决方法等。本书汇集了经典的、发人深思的、惹人发笑的、耐人寻味的心理学故事，剥去了心理学复杂的外衣，形象而生动地剖析了心理学的原理、规律和方法，揭示了心理学的奥秘，提供了心理学处

方，教人们利用心理学方法解决生活里的麻烦事。

笔者多年来从事心理学的教学和研究工作，深知心理学故事背后心理学效应的智慧对生活和工作的指导作用，因此精心选取了和生活密切相关的49个充满趣味的心理学故事，将心理学专业名词与人们日常生活中遇到的故事紧密联系起来，不仅语言通俗易懂，而且蕴含深刻实用的道理。在以简单、有趣和轻松的方法了解心理学的同时，你会发现你的心灵在发生意想不到的改变，开始对自己有一个全面清晰的认识，自觉去努力发展积极的品质，习惯性的消极思维方式也会渐渐离你远去，并且你会发现心理学智慧让你变得与众不同。这些经典的心理学效应可以帮助你更好地认识自己的内心世界，发掘自身的心灵潜力，加强自我修养，让生活更轻松，也让你在工作和生活中行走得更加游刃有余。

本书的编写人员主要为临床一线的医生或心理工作者，积累了在临床治疗方面的一些经验，通过本书分享给大家。本书可以作为心理学的入门书，也可以作为工作之余打发时间的消遣书和晚上入眠前的枕边书。因编者水平及时间原因，错误在所难免，但我们仍然期望本书能为您提供生活的乐趣和心理学的智慧。

本书受宁波市品牌学科——儿童青少年心理障碍及睡眠障碍经费支持。在此，向所有关心和支持本书出版的各位同道致以最衷心的感谢！

周东升　边国林

2020年10月于宁波

目 录

爱情为何如此伤人 / 1

永远把工作留到明天 / 4

别让生命在孤独中陨落 / 8

博客成为避风港 / 11

不肯放弃的林肯 / 15

不为小事烦恼 / 22

曹操容不下杨修 / 25

车惹谁了 / 29

迟到的收获 / 33

楚汉之争，谁主沉浮 / 36

从小学徒到大老板 / 39

挫折是条狗 / 41

大猩猩巧取香蕉 / 45

独木桥的走法 / 47

国王与三个儿子 / 51

活下来的沙丁鱼 / 54

活在别人影子里的人 / 56

两个秀才的梦 / 60

枚乘巧医太子 / 63

孟母三迁 / 65

拿什么拯救你，我的孩子 / 67

女人为何总爱买东西 / 72

女王？妻子？／74

朋友为何都离她而去／76

巧妙的反击／78

人们为何会"对着干"／80

人生为何如此黑暗／83

上帝的救赎／86

生死边缘的徘徊／89

失去自由的日子里／91

17岁的百万富翁／93

食物的诱惑／96

史密斯为什么被晋升／100

士兵的反常行为／103

谁不爱柳腰身／105

特殊的寻找者／107

小娜的烦恼／111

幸福靠自己争取／115

一万英镑的房子／118

一位被睡眠困扰的女孩／120

一位大学生的求助信／123

詹姆斯的鸟笼／125

有奶不是娘／128

有钱人的苦恼／130

丈夫离去的日子里／133

只需要一根柱子／136

律师之死／140

我这里装的是蒸馏水／143

博美人一笑，千里戏诸侯／145

爱情为何如此伤人

[失恋者心理]

　　小沈，男，24岁，不久前女朋友向他提出了分手。失恋后，小沈一直耿耿于怀，怎么也想不通为什么女朋友要和他分手。为此，他几次想约女朋友小莫出来再谈谈，可总遭到拒绝。觉得实在找不到再好的理由，小沈便突发奇想，找同事帮忙给小莫打电话，称捡到一些她的私人物品，并约定时间和地点送还。

　　在电话旁听到小莫答应后，小沈欣喜若狂。小莫放下电话后就心生疑虑，害怕小沈做出过激的行为，于是到派出所说明了情况，要求随同保护。在约定地点，小沈一看到小莫就一把将她抱住，任凭小莫怎样挣扎就是不松手，尾随其后的民警见状，连忙上前劝阻。没想到小沈突然掏出一把小刀，抵着小莫的脖子威胁说，不恢复恋爱关系，就同归于尽。民警冲了上去，将小沈按倒在地，制止了他的过激行为，并将他押到派出所。

　　同样是因为失恋，刚大学毕业的女生小王的行为则更令人担忧。因为相恋三年的男朋友要到外地工作而导致两人不得不分手，一时想不开的小王竟然几次要寻短见，割腕不成就吃安眠药，情绪更加激动时还曾跑到楼顶，想跳楼自杀。幸亏每次家人都及时发现，才避免了惨剧的发生。

【心理学处方】

失恋的人需要增强自己的心理承受力,增强心理的适应性,学会自我心理调节,从而达到新的心理平衡。下面介绍5种心理调节的方法。

1. 逆向思考法

恋爱成功,除了社会公认的品质、观念以外,还有许多特殊的心理要求,如性格和谐、志趣相同、价值观一致、生理特征相配等。如果因为这些方面发生矛盾,使恋爱不能进行下去,倒不必过于痛苦。不妨反过来思考一下,如果勉强凑合下去,造成以后感情不和,爱情又有什么幸福可言?失恋固然不是幸事,然而没有志同道合、个性契合,及早分手也并非坏事,"塞翁失马,焉知非福"。

2. 合理宣泄法

失恋造成的情感压抑是十分严重的,如果不及时合理宣泄,容易出现各种不适症状。比较有效的宣泄方法有:
①向亲密的朋友或家人倾诉内心的苦闷和悲伤;
②闭门痛哭一场;
③寄情于山水之间,向大自然宣泄自己压抑的情绪。失恋后可以与朋友一起外出远游,体验大自然之美丽与伟大、人生之美好,会觉得自己失恋的痛苦只不过是沧海一粟,心胸会变开阔,郁闷的心情也会有所缓解。

3. 转移注意力

当我们失恋的时候,不想忍受着想起那个人时的痛苦、折磨感,可以尝试将自己的注意力转移到一些不相关的事情和任务中,如下棋、玩游戏、出门跑步、购物等。

4. 丢弃自卑

失恋并非羞耻之事，但有些失恋者却认为失恋是令人耻辱的，是被对方"掰"了、"玩"了，从而感到脸上无光、无地自容，继而产生强烈的自卑感，甚至因此离群索居。

恋爱一次就成功固然可喜，但这毕竟只是可能性，而不是必然性，所以谈恋爱就要有谈不成的心理准备，失恋也是在情理之中。有思想、有志气的青年不应受世俗偏见的束缚，妄自菲薄。如果能从失恋中发现自己的不足，有所进取并从失恋中受益，不愁今后找不到称心如意的好伴侣。

5. 升华

升华是宣泄失恋后心理能量的最理想方式。失恋者应运用理智，把感情、精力投入到能充分实现自身价值的事业中和对生活的热爱上去，从而将失恋造成的挫折在更高的升华境界里得到补偿，获得更大、更多的收益。

最后，还应注意两点：

第一，若失恋是因误会引起的，就应积极消除误会。如果是对方误会了你，你不要急躁，待稍平静后，你自己或求助对方信得过的至亲好友，向对方说明全部真情。如果是你误会了对方，则应平静、耐心地倾听对方的解释，真相大白后应向对方表示歉意。并且在今后善于冷静地处理问题，不至于再造成新的误会。

第二，若失恋是由于恋人之间发生口角、赌气偏激造成的，则事后要破除"面子"观念，主动接近对方，勇于承认错误。对方不仅不会因此而小瞧你，而且会从中看到你的真诚和宽厚，并做出相应的行动来。这样矛盾就会迎刃而解。

永远把工作留到明天

[拖延症]

徐新是公司策划部部门主管,他以前做事认真、积极,但自从升为主管后便染上了拖拖拉拉的毛病,徐新为这毛病烦恼不已。

有一天,他在上班途中信誓旦旦地下定决心,一到办公室就立即着手草拟下一年度的部门预算。徐新准时于九点整走进办公室,但并没有立刻开始拟订预算工作,因为他突然想到不如先将办公桌及办公室整理一下,以便在进行重要的工作之前为自己提供一个干净舒适的环境。徐新总共花了30分钟的时间,使办公环境变得有条不紊,虽然未能按原定计划在九点钟开始工作,但他丝毫不感到后悔,因为30分钟的清理工作不但已获得显而易见的成就,而且还有利于以后工作效率的提高。

徐新面露得意的神色,随手点了一支香烟稍作休息。此时,他无意中发现报纸上的彩图照片是自己喜欢的一位明星,于是情不自禁地拿起报纸来。等他把报纸放回报架,时间又过了10分钟。这时徐新略感不自在,因为他已自食其言。不过报纸毕竟是精神食粮,也是重要的沟通媒体,身为企业的部门主管怎能不看报,何况上午不看报,下午或晚上也一样要看。这样为自己一开脱,心也就放宽了。

正当他正襟危坐,准备埋头工作时,电话铃响了,是一位顾客的投诉电话。徐新连解释带赔罪地花了20分钟的时间才说服对方平息怒气。挂上电话，他去了洗手间。

在回办公室途中，徐新闻到了咖啡的香味。原来是另一部门的同事正在享受"上午茶"，他们邀请徐新加入。徐新心里想，刚费心思处理了投诉电话，一时也进入不了状态，而且预算的草拟是一件颇费心思的工作，若头脑不清醒，则难以完成，于是他便毫不犹豫地应邀加入到享受"上午茶"的行列，与大家聊了起来。

回到办公室后，徐新感到神清气爽，满以为可以开始正式工作了——拟订预算，可是一看表，哎呀！已经10：45了，距离11点的部门例会只剩15分钟。他想，反正在这么短的时间内也不太适合做比较庞大耗时的工作，干脆把拟订预算的工作留到明天算了。

【心理学处方】

战胜拖延症的7种方法如下。

1. 番茄工作法

这是弗朗西斯科·西里洛在1992年发明的方法，把闹钟或者手机等计时器调整到25分钟（称为一个番茄钟），然后清除一切杂念，不准做其他的事情，只能专心工作。做完工作后休息5分钟，一般完成4个番茄钟就要进行一段较长时间的休息，番茄钟时长可以按照自己的需要合理地选择。这种方法不仅可以提高工作效率，还会带给人们一种极强的成就感。

2. 时间事件记录法

这种方法是苏联的昆虫学家、哲学家、数学家柳比歇夫发明的，在一段时间内（可以是一天、一小时甚至是一分钟）记录你的行为，并且进行分析，找出时间的浪费从而合理地调整时间规划，让你对时间的感知更加敏感，更加清楚地了解到自己拖延时间的情况，以便于合理地提出不同的应对策略。

 故事里的心理学

3. 瑞士奶酪法

瑞士奶酪法是斯宾塞·约翰逊博士所创造的一种时间管理方法，适合用于比较艰巨的任务，就是利用"零碎"的时间做工作，而不是等待整块时间出现再去做这项工作。在不知不觉中完成一项艰巨的任务，同样会给人带来轻松愉悦的感觉。这种方法的名字来自于有很多小孔的瑞士奶酪。

4. 意大利香肠法

此方法由于意大利的香肠非常大而得名，想把如此大的香肠分开吃掉，只有一点点切开，分成小段。如果一项非常艰巨、周期很冗长的任务让你不愿意马上去做，就把它分成一段段去做。如果分成小段之后仍然令你感觉难以开始，就继续拆分成小片，就像切大香肠一样，直到你肯开始下一步计划，这样可以消除我们对这类艰巨任务的恐惧。

5. 平行式做事法

多找几个同伴一起来做事，各做各的事情。我们可以比一比谁先完成工作，最先完成的可以获取一定的奖励（如让最晚完成的请客吃饭），这样就可以提高任务的吸引力，让你摆脱拖延。

6. 强迫工作法

如果你知道一件事的重要性和不能及时完成的后果，即使很怕完不成，也不愿意立马去做（如学生的作业、公司职员的一些任务），那么你就可以采用这种方式。例如，狠心一下，早晨只要睁开眼睛就立马起床，绝不拖拉，可以静坐一会让自己变得清醒，继续赖床的话今天就不准自己看电视；如果要写作业或者完成一项任务，可以让电脑断网或者断电，手机也关机不能碰到，然后强迫自己去做这项工作，做完之后就可以做自己想做的事情好好放松了。这种方式需要一定的意志力配合并且要对自己狠心，然而一旦完成工作也会有极强的成就感和愉悦轻松的感觉，这种方式

也能够提高工作的效率。

7. 适当奖励法

这种方法几乎可以和所有方法的时间管理方法配合一起使用，在完成一项任务之后给予自己适当的奖励，如看一场电影、吃一顿大餐好好放松一下。此方法有利于获得更高的成就感，激发继续工作的潜力，提供进步的动力，提高工作积极性。

别让生命在孤独中陨落

[自卑]

小林出生在一个偏僻的小山村,父母都是老实巴交的农民。他从小就饱受欺凌、忍气吞声、躲躲藏藏。但小林脑子聪明,又刻苦用功,终于考上了大学。按理来说,小林应该感到自豪,可他没有,相反,那种自卑心理、封闭意识却很严重。

小林比较自己和周围人的衣着打扮、生活用具、谈吐、知识乃至家庭状况,得出一个结论:自己的一切都不如他人,自己家乡的一切都不如他人,自己不好意思,甚至不配与他们一起谈话做事。

于是,小林从不主动与同学们说话,总是低着头走路、蒙着头睡觉。班里、系里组织的文娱、体育活动,他能逃避的尽量逃避,不能逃避的则蹲角落、排队尾,唯一的想法是不进入同学们的视野。他总觉得,人家的目光都在对他挑剔、讽刺、挖苦、嘲笑。

一次,班里组织元旦联欢晚会,小林去了。同学们击鼓传花表演节目,他坐在角落里局促不安,非常紧张。当鼓点在他那里停止时,小林窘迫得面色苍白,尴尬难堪了一阵后,冲出了房间,眼泪在眼眶里打转。还有一次,班里中秋节聚餐,同学们都兴致勃勃、兴趣盎然,当大家举酒为全班同学的友谊干杯时,竟发现小林不在,班长回宿舍一看,他正把头蒙在被子里抽泣。

小林的孤独，同学和班干部都看在眼里，但是他以强烈的自卑心理和封闭意识，拒人于千里之外。于是，随着时间的推移，没有人觉得他奇怪，虽哀叹其不幸，但也没有人再主动找他说话、帮助他。他总唉声叹气、愁眉苦脸、极端消沉，对任何事情都提不起一点儿兴趣。

随着课程和心理负荷的加重，小林终于在大学二年级下学期精神崩溃了。那个学期期末考试，他好几科不及格，按照学校规定应该留级。这对本来心理压力就很重的他来说，无异于在伤口上撒盐。在得知这一消息后，小林坐立不安，茶饭不思，当天夜里就失踪了。最后，人们在学校后面的河里发现了他的尸体——小林背着一大口袋石头跳河自杀了。

【心理学处方】

自卑不利于身心健康，也不利于人际交往，我们要克服这种不良心理。具体而言，可以从以下几点做起。

1. 全面了解自己，正确评价自己

不妨将自己的兴趣、爱好、能力和特长全部列出来，哪怕是很细微的东西也不要忽略，这样就会发现你其实有很多优点。对自己的弱项和遭到失败的地方则要持理智和客观的态度，既不自欺欺人，又不将其看得过于严重，而是以积极的态度应对现实，这样自卑便失去了温床。

2. 对自己的自卑进行心理分析

这种方法可在医生或者值得信赖的亲友的帮助下进行，具体做法是：通过自由联想和对早期经历的回忆，在这些具体的事件中抽象总结出导致自卑心态的深层原因，并让自己明白，现在的自卑情结是因为某些早期经历而形成的。它深入到了潜意识，一直影响着自己的心态。而实际上现在的自卑感是建立在虚幻的基础上，是没有必要的。这样就可以从根本上瓦解自卑情结。

3. 从其他方面弥补自己的弱点

每个人都有多方面的才能，社会的需要和分工更是万象纷呈。一个人这方面有弱点，则可以从另一个方面谋求发展。只要有了积极的心态，就可以扬长避短，把自己的某种弱点转化为自强不息的推动力量。这样一来，也许你的弱点不但不会成为你的障碍，反而会成为你成功的条件，因为它促使你更加专心地关注自己选择的发展方向，获得超出常人的发展，最终成为卓越人士。

博客成为避风港

[压抑]

陈某是某大学三年级的学生,以前学习成绩很优秀,但最近不知何故,成绩一跌再跌,为此老师还多次找他谈话。

陈某为此也很苦恼,这时,博客成了他的避风港,成了他的痛苦和不快的倾诉地。他在博客里这样写道:"近半年来,不知是怎么回事,我总不能安心学习,手中拿着书心里却老想着别的事,成绩一落千丈。我分析这可能是由家庭情况造成的。我在家里觉得自己从来没有快乐过,难以忍受母亲野蛮的态度,所以从我懂事后从未叫过母亲,也不知现在应如何对待母亲。以前和小叔家的关系还不错,半年前和他们的关系也搞得十分僵,由此影响了学习的情绪。"

"我从小与祖父和祖母生活在一起,家中有母亲和年长我11岁的哥哥,父亲在我上大学的第一学期自杀了,我在奔丧期间未掉过一滴眼泪。"

"父亲是家中的长子,尽管很聪明,但初中未毕业就早早担起家庭生活的重担。我的小叔叔是大学生,母亲是农村姑娘,很厉害,经常与我的叔叔、婶婶吵架,同时又时常迁怒于我的父亲。父亲为人老实,从早到晚很少说话,只知道干活。我七岁离开祖父回到了父亲身边,从那时起,母亲攻击的矛头便转向了我,常因一点点小事就骂我,甚至打我。"

"我学习成绩好,经常看书到深夜,母亲就骂我是讨债鬼,一天到晚

故事里的心理学

什么事情也不做。父亲为此很为难，但最后总是帮着母亲说话。"

"上高三时，在家庭的压力下，我觉得我的精神快崩溃了，不想参加考试了。但在叔叔、婶婶的帮助下，我鼓起勇气参加了高考，总算获得了好成绩。因此，我把叔叔、婶婶当成了亲人，与他们家的关系很好，他们也给予了我真诚的帮助，但是大学二年级寒假我在叔叔家时，叔叔因看不惯我抽烟、喝酒和只顾自己不顾别人的行为而批评了我。我感到十分不满，与他吵了起来，提前回校了。现在我觉得世界上一个亲人也没有了，即使是以前对我比较好的叔叔也疏远了我。从此，我的注意力不集中，学习成绩下降，心情感到十分压抑，性格逐渐变得孤僻。"

【心理学处方】

克服压抑情绪，笔者建议可以从以下几点着手。

1. 短清单

上大学的时候，一个星期我几乎没做成多少事。有段时间我还用过一些超负荷的要做的事情清单，这给了我很多压力，导致我常常拖延很久。现在，我的目标是每天做两到三件最重要的事情。

2. 避免灰色空间

什么是灰色空间？比如，你把工作带回家或者将压力从家里带到工作上的时候。有时这可能无法避免，但是一旦你养成了这个习惯，这些事情真的会加大压力，让事情更糟糕。

我会尽可能地避免灰色空间，因此制定了一些非常严格的规则。因为我在家工作，所以这些规则至关重要。比如：

晚上7点以后不工作；

周末不工作；

几乎每小时休息一次。

制定这些严格的规则可以让我不迷失在灰色空间里，留在当下时刻，不工作的时候也不制造工作的压力。

3. 一次做一件事

我发现如果我试着同时做多种任务，常常会感到压力很大，而且不能集中。所以我试着一天中只做一件事，然后尽自己所能做到最好。

4. 安于其位

这和最后的暗示有关。工作时就工作，和朋友、家人或者伙伴待着时，就全心地融入他们（不要脑海中想着别人或者脑中还在运转）。

全身心投入到你所在的地方，整个心思集中在你当下做的事情，这是我学到的最棒的方法。

既来之则安之，全心集中于此刻，能带来很多生动的细节、欢乐和内心的安宁，这让生命充满欢乐。

单任务是我深入挖掘的一种方法。我经常用的另一个方法是数分钟内全心集中注意现在摆在我面前的事情。我用我所有的感官理解我周围的世界，然后和当下联系起来，走出我的思想世界，这只要短短的一会儿（这样做，并不是说我要思考一些过去或者将来的情境）。有时我是深呼吸几次，注意力放在我的呼吸上，重新和现在连接。

5. 早到

我非常守时。这并不是因为我拘泥于这些事情，而是因为我想避免出门的压力。我想让我的出门时光轻松一些，所以得保证自己有时间准备，像出去吃东西或者参加聚会的时候。开会时，我会保证自己早到5~10分钟。对于减少心理和身体的压力来说这是一件很简单的事情。

6. 塑造环境

我发现在安静的环境中我工作得最好。这个意思是指，我关掉手机和

即时短信，独自一人坐着，很少上线。可以试试这个方法，或者根据你自己的情境再做些改变，看看这是否能帮你减少每天的压力。

7. 如果做不完那也没关系

我倾向于每天做完事情清单里面的最重要的两到三件事。毕竟生活就是生活，有时候会受到干扰，这是现实。

有人可能会懊恼或者生气，但是天不会塌下来，从长远来看这一点都不打紧。所以不要自责给自己造成太多的心理压力。光为了这些事生气，那生命就太短暂了。做不完的事情还有明天，你可以到时候做完，然后更替。

在生活中一定要学会赶走压抑情绪，学会释放压力，这样才能给自己带来更大的弹性空间。同时要学会制订一些小计划，一个一个地慢慢完成，这样有助于帮助自己解决那些琐碎的工作。一定要对自己有信心，给自己积极的心理暗示，这样心情就会越来越好。

不肯放弃的林肯

[坚持]

如果你想知道有谁从未放弃,那就不必再寻寻觅觅了,坚持到底的最佳实例就是亚伯拉罕·林肯。

生下来就一贫如洗的林肯,终其一生都在面对挫折,八次竞选八次落败,两次经商失败,甚至还精神崩溃过一次。好多次,他本可以放弃,但却没有如此,也正因为他没有放弃,才成为美国历史上最伟大的总统之一。以下是林肯进驻白宫前的简历:

1816年,家人被赶出了居住的地方,林肯必须工作以抚养他们;1818年,母亲去世;1831年,经商失败;1832年,竞选州议员但落选了;1832年,工作也丢了,想就读法学院,但进不去;1833年,向朋友借钱经商,但年底就破产了,接下来他花了十六年才把债还清;1834年,再次竞选州议员,赢了!

1835年,订婚后即将结婚时,未婚妻却死了,因此他的心也碎了;1836年,精神完全崩溃,卧病在床六个月;1838年,争取成为州议员的发言人,没有成功;1840年,争取成为选举人,失败了;1843年,参加国会大选落选了;1846年,再次参加国会大选,这次当选了,前往华盛顿特区,表现可圈可点;1848年,寻求国会议员连任失败了!

1849年,想在自己的州内担任土地局长的工作,被拒绝了!1854年,

故事里的心理学

竞选美国参议员,落选了;1856年,在共和党的全国代表大会上争取副总统的提名,得票不到一百张;1858年,再度竞选美国参议员——再度落败;1860年,当选美国总统。

"此路艰辛而泥泞。我一只脚滑了一下,另一只脚也因而站不稳;但我缓口气,告诉自己,这不过是滑一跤,并不是死去而爬不起来。"

——林肯在竞选参议员落败后如是说。

【心理学处方】

如何做到坚持不懈?

1. 保持决心

①知道你的需求。也许你的目标是具体的:攀登珠穆朗玛峰、戒烟或找到更好的工作。或者,它只是一个泛泛的目标,如做一个更好的家庭成员,或变得更快乐。无论是哪种,如果你肯花时间做一些深层次的思考和准备,实现目标的过程会更清晰。

如果你心中有一个特定的目标,请制定一个帮助你实现目标的流程。做一些研究,找出你在前进道路上需要采取的步骤。做一个时间表也会有助于你达到目标。在实现每一步的过程中,设定一个最后期限。

无论你的目标是什么,准备好投入时间和精力。要做到坚持不懈需要大量的练习,但是你可以从现在开始。

②摆脱自我怀疑。你遇到的第一个障碍,很可能就是如何改变自己的信心状态。如果你不相信自己可以持之以恒,那么很难取得进展。不管现在看起来目标如何难以实现,但你仍然拥有足够的智慧和力量,能让你最终达成目标。如果你的目标是克服困难,用感激面对生活的烦恼,你也可以做到。

不要拿自己和别人比较。这样做会不可避免地导致自我怀疑。要用自己独特的优势和才能坚持下去,你经历的过程会与他人有所不同。

如果生活中的某些事情伤害了你的自信心，摆脱它们。例如，如果你依赖于坏习惯，如喝酒、滥用药物或只吃垃圾食品，这会使你更难将自己看作一个有信心坚持不懈的人。采取措施，戒掉这些成瘾行为和坏习惯。

将时间用在你擅长的事情上。练习你的技能，如做运动、艺术创作、烹饪、读书、编织或园艺，这是建立自信的好方法。花时间做一些让你感到满足和对生活保持乐观的事情。

③练习保持冷静。对小事紧张会消耗很多能量，而这些能量可能是让大事成功的重要因素。坚持不懈的一部分是掌握放弃小事的能力。说比做更容易，但是你可以现在开始练习。下次当你发现自己陷入大堵车之中，或被某些人愚蠢的评论惹火时，练习使用以下技巧来保持冷静：

三思而后行。在你做出行动之前，给自己几分钟时间思考，想想对于全盘来说，这是多么小的一件事情。

当你思考时，愤怒或恼火会远离你的身体，然后你就觉得消气了。

做5个深呼吸。用鼻子吸气，嘴巴呼气。在你吸气时胃会扩张，呼气时收缩。

继续你的事情，用冷静和适当的方式处理问题。如果你在排队，耐心地等待轮到你（轮到你时不要苛责工作人员）。如果有人提出一个讨厌的意见，回以微笑，让它过去。你必须将自己的精力用在更重要的事情上。

④不要被敌人拖累。当你朝着目标前进时或只是坚持日常生活中的工作时，你可能会遇到有些人告诉你不会成功。别让它打垮你，要知道，人们通常会由于自己的问题或正在处理的问题的结果而产生消极的想法。

如果你试图达到的目标很远大，如攀登珠穆朗玛峰，可能会遇到人告诉你不要这样做，这是意料之中的事情。要对自己有信心，提前考虑所有的状况来证明他们错了。

如果你的生活中有些人非常消极，看起来执意要阻止你实现目标，最好不要和他们共度时光，或减少看见他们的次数。

⑤知道你的价值观。把握好自己的个人价值观，能让你在任何情况下找到最佳方案，瞄准目标。你的核心信念是什么？你有什么主张，它们在

你的生活中发挥什么作用？这些问题的答案并不容易回答，但每一段生活体验都会让你更加了解对自己和世界的看法。以下事情会有所帮助：

了解很多不同的观点。即使你非常坚持某一个观点，也要去了解对立的观点。针对你关心的学科，要获得尽可能多的知识。

如果你有宗教信仰，深入钻研宗教的教义，讨论伦理和道德。

打坐。探索自己的头脑，学会倾听你的内心。

⑥找出生活中的乐趣，享受生活！坚持不懈意味着数小时极度困难或乏味的工作。然而，当你在这段时间内学习知识以实现目标时，生活会有一个正面的主色调。不只是浑浑噩噩度日，你要最大限度地利用生活。如果恐惧和怨恨悄悄蔓延，而且你不再喜欢挑战，应该试着改变策略。

这并不是说，在你实现目标的路上生活不会让人失望。但随着时间的推移，你会意识到暂时的挫折和长期消极之间的差异。

什么是让你帮助自己感觉更好的方法？例如，你可以和最好的朋友每周约一次喝咖啡或打一次电话，这样在事情艰难时，你可以依靠别人，或者安排遛狗的时间，这样可以放松身心。

2. 处理障碍

①面对现实。拥有面对生活挑战的能力是一个很大的优势，但是这是一件很难的事情。当生活中出现了一个大问题，人们很容易忽略、粉饰或推迟做决定。但你要正面处理障碍，这样才可以找到解决问题的最好方法。

诚实面对自己。如果你的路径偏离了目标，承认错误。例如，如果你的目标是成为一名发表作品的作家，而你还没有安排出时间写作，面对现实，不要给自己找借口。

不要到处抱怨。还没有开始健身，是因为老板给你太多工作，孩子不让你睡觉，或者外面很冷，这听起来像不像你？请记住，你采取行动的能力是巨大的，要利用它来前进，即使只是刚刚起步。

不要逃避现实。大问题来临时，你可以转向酒精、电视、药物、暴饮暴食、游戏，但这也只是暂时的逃避。如果你发现自己因为忙于重要的事以至于把事情推到明天，那么这个问题只会一直存在。

②仔细衡量你的选择。小心地做出合理的决定，别那么草率，你才能走得更高、更远。每次遇到障碍时，采取行动前从各个角度研究这个问题。总有不止一种方法来处理问题，你要找出最有意义的路径，不要妄想走捷径。

向智慧的人征求建议。做重大决定时，其他人会给你很大的帮助。如果你知道以前经历过这件事的人，可以问问他们如何处理这种情况。但不要完全相信别人的建议，尤其是他们以某种方式处理后的结果。

有一些榜样也可能有帮助，你生活中的人、名人、宗教人物——符合你价值观的人都行。问自己那些人在特定情况下会做什么，这样可以指引你正确的方向。

③聆听自己的心声。这是最终的决定因素。什么是你认为正确的事情？依照内心行事永远是最好的决定，即使它会带来挫折。当你根据内心行事时，你确信自己可以做到最好。如果之后有怀疑或困惑，按照内心的想法做，它会帮助你渡过难关的。

有时候，正确的道路是明朗的，但有时也是模糊的。做你需要做的事情，让自己看得更清楚，不管是沉思、做礼拜、写日记或其他帮助你看清内心想法的事情都行。

④坚持自己的主张。当你做出觉得正确的决定后，用你得到的结果支持这项决定。面对批评、困境和自我怀疑时要坚持下去。按照自己的信念行动需要勇气，尤其是你的想法不受欢迎时。但是可以通过仔细衡量选择，并且按照自己的信念行动，以此来汲取力量和信心。

⑤从错误中学习。人不会总是第一次尝试就成功，智慧是通过大量错误和尝试不同的东西获得的。反思发生过的事，吸取教训并且摒弃一些做法，然后在遇到下一个障碍时应用经验学到的做法。

即使是最强的人也会失败，不要在出现问题时陷入自责的循环中。相反，为实现目标制定新战略，下一次结果就会不尽相同。

3. 保持活力

①保持身心健康。当你内心低落、身材走形时,要度过艰难时刻并达成目标就更难了。每天做一些措施来保持健康,会帮助你坚持下去。要记住以下事情:

吃健康的食物。要确保你能获得足够的营养,多吃时蔬、水果、五谷杂粮、肉和健康脂肪,尽量不要吃太多加工食品。

保证充足的睡眠。一夜的睡眠决定了你的一天是糟糕还是美好,结果可能完全不同。只要有可能,每晚要睡7~8小时。

运动。尝试每天运动30分钟是一个好的开始,不管是散步、瑜伽、跑步、骑自行车、游泳或是其他项目,我们都要尽可能多地动起来。运动可以让你保持好心情,而且不管生活中发生什么,都要保持好身材。

②参加社区活动。和认识的人在一起可以帮助你达成目标,同时也要支持别人的工作,因为你是社区的一分子。做一个他人可以依靠的人,自己需要帮助时也不要羞于求助他人。

做可靠的儿子、女儿、兄弟姐妹、父母和朋友,与家人和朋友的亲密关系会帮助你度过最黑暗的时期。

加入居住的社区。做社工、上课、去市政厅会议或为所在地的运动队伍加油都是让你感到自己更有价值的好方法。

③心存高远。不要以一分钟、一天来计算日子,你要有长远的目光。要知道,每次磨炼终将过去,要保持优雅、坚强,尽自己所能好好度过,这样你就会在回首时为自己的表现感到骄傲。尽管你的问题很重要,但它也不会比别人的更重要。要知道世界是很大的,尽可能多地参与其中。

阅读书籍和文章,跟进新闻可以帮助你了解和知晓周围的世界,并且正确地看待事物。

有时要脱离自己的头脑,试试通过别人的眼睛看问题。可以尝试着带侄女出来吃冰淇淋,或者去看望在敬老院的姑姑。

④丰富你的精神生活。许多人都发现,作为团体中的一员会给人带来

安心和活力，拥有精神生活也可以帮助你在迷失时找到生活目标。

如果你有宗教信仰，可以定期参加活动，也可以练习冥想和其他形式的精神意识。

去感受自然，感受森林、海洋、河流和广阔天空的奇迹。

⑤忠于自己。如果你能保证自己的行为与价值观一致，你就会坚持下去。当发现生活中一些事不对劲儿时，就积极做出改变，继续纠正自己的路线，直到达成目标。

不为小事烦恼

[面子心理]

小刘是某国企单位的中层,负责协调与统计工作。她平时工作很敬业,有吃苦精神,深受上级的信任。由于单位的主要领导连续换了好几个,小刘已经算单位的老人了,慢慢地也养成了说话要算数的习惯。她向领导提出点建议,领导考虑到她是老员工了,对不对的也赞扬她几句。她认为单位哪里不合理了,问题多了,找领导反映,领导就马上解决。现在她在单位就如同领导身边的"二把手",谁都得敬她三分。

一天,几位新同事来上班,遇到她以后,由于只顾自己聊天,没有与小刘打招呼,她感到没有了面子,气得一上午没有好心情。中午在餐厅吃饭时,她来到餐厅排队打饭,看到那几个新同事在前面排队,并且亲热地聊天,仍然没有向她打招呼,她感到面子全没有了,气得扭头走出了餐厅,回到办公室吃方便面,下午就跑到领导那里反映新同事没有素质,不知道尊重人,要好好批评一下。

一次,小刘负责的统计工作出了些小差错,同事出于好意,及时提醒她赶快纠正过来。她认为是同事故意找她的毛病,不给她面子,让她难看,当着很多人的面,与同事大吵起来,还到领导那里告状,闹得同事很尴尬,以后再也不提醒她了。结果,后来因为统计问题,上面查了下来,领导也客观地指出了她的问题,她觉得面子全没有了,气得与领导发火,对部下大发雷霆，闹得全单位的气氛都紧张了起来。

一次，单位开全体大会，中层干部也要上主席台。由于办公室会务人员的疏忽，在摆桌签时，把小刘的位置摆在了后面。她上了主席台发现桌签位置不对，认为办公室的人小瞧她，感觉丢了面子，气得阴沉着脸，没有等会议结束就回办公室了。晚上回家后，小刘饭也没有吃，电视也没有看，孩子也不关心了。丈夫问她发生了什么事，小刘生气地把情况说了出来，丈夫说不是什么大事，人家肯定不是故意把会议桌签位置摆错的。结果她与丈夫吵了起来，说丈夫没有头脑、没有原则，面子上的事情不能含糊，闹得丈夫也不知道该怎么安慰她了。第二天，小刘的气还没有消，也没有给丈夫和孩子做早饭，等丈夫上班、孩子上学以后，她给单位打电话说自己病了，之后就躺在沙发上发呆，委屈得眼泪都流了下来。

【心理学处方】

面子心理本质上就是虚荣心理，不只是男人，女人也有。简单来说，你可以理解为对自己价值的某种体现。与自尊心不同的是，虚荣者总是追求虚有其表的东西，并且从言行举止中能明显地表现出来。是否具有很强的虚荣心，可通过行为观察法并对照下列15条标准加以判断：

①喜欢欣赏自己的照片；

②花费大量时间与金钱去整容美容；

③喜欢别人称呼他的头衔；

④喜欢向人介绍自己家庭成员或亲戚中较有地位的人物；

⑤不愿意同家庭经济困难的同学来往；

⑥稍有成绩便自吹自擂，唯恐他人不知道；

⑦考试成绩不佳常找借口；

⑧有欺上瞒下、沽名钓誉的行为；

⑨在与同学的谈论中，常强词夺理、文过饰非；

⑩不顾家庭实际情况，硬撑阔气，摆出一时的"豪爽大方"；

⑪常常掩盖自己的短处；

⑫喜欢受表扬且沾沾自喜；

⑬穿着打扮及学习用具喜欢讲高档次，并有炫耀之感；

⑭对批评耿耿于怀，过分爱面子；

⑮夸夸其谈，不懂装懂，出过多次洋相。

虚荣心理，就是俗话所说的"死要面子"。从心理学角度看，它是一种追求虚荣的性格缺陷，是一种被扭曲了的自尊心。人都有自尊需要，人希望在群众观点中能得到别人的尊重，获得真正的荣誉，这是合理的、正常的需要，但是，虚荣者由于扩大的自尊需要，追求的是虚假和名不副实的荣誉。他们通过吹牛、撒谎等不正当的手段，希望通过不付出或少付出劳动而获得荣誉，因而不论对自己、对别人都是有害无益的。

保全别人的面子，对你的人际关系和事业发展能有很大帮助，那么该如何做到这一点呢？

第一，我们不要做出不给别人面子的事情，比如：

①不要当面羞辱别人，包括同事、上司、属下、朋友，带有人身攻击的羞辱更不应该；

②对某人有意见，应私下沟通，不要当面揭发；

③强龙不压地头蛇，勿越界管人闲事；

④打狗看主人，勿因意气而羞辱对方的手下；

⑤遇到分输赢的场合，手下留情，不必赢得太多；

⑥不抢别人的功劳，也不抢别人的机会。

第二，我们要学会主动给别人"做面子"，例如：

①替对方在同事、朋友及上司面前说好话，为他做公关，但不可太肉麻、露骨、刻意；

②对方有喜事，主动以适当的形式参与庆贺；

③对方有难言之隐，你应不动声色、不为外人所知地主动替他解决；

④适当地捧对方，协助对方建立其在人群中的地位。

曹操容不下杨修

[狭隘]

曹操是一代枭雄，但同时他也是一个心胸狭窄的人，最突出的例子莫过于大家耳熟能详的曹操与杨修的故事了。

杨修为人恃才放旷，屡屡得罪曹操。有一次，曹操府上建了一座花园，他本人看过之后不置可否，只取笔在大门上写了一个"活"字就走了。大家都不明白这是什么意思，只有杨修说道："门字里面一个活字，就是一个'阔'字，丞相是嫌大门建得太阔了。"于是工匠重新修建了大门，又请曹操来看。曹操看过之后大喜，问道："是谁知道我的心意？"近侍说是杨修，曹操称赞了杨修的聪明，但是心里却很是嫉妒。

又有一次，塞北有人送来了一盒酥，曹操在盒子上写了"一合酥"三个字，把盒子放在案上。杨修看见了，就拿勺子和大家把酥分食了。曹操问他原因，杨修说道："盒子上明写着一人一口酥，我怎敢违抗丞相的命令。"曹操虽然笑了起来，但是心里已经很讨厌杨修了。

曹操疑心很重，唯恐别人会趁自己睡觉的时候加害自己，常常吩咐近侍道："我梦中喜欢杀人，我睡着的时候大家不要靠近。"一天白天，曹操在帐中睡觉，被子掉在地上，一个侍卫过来帮曹操把被子盖好。曹操跳起来，拔剑杀了侍卫，又上床继续睡觉。醒来之后，曹操故意惊问道："是谁杀了侍卫？"近侍把实情告诉了他，曹操痛哭，命令厚葬侍卫。从此大

家都相信曹操会在梦中杀人，但只有杨修知道曹操的真实用意，在埋葬侍卫时叹息道："丞相不在梦中，你才是在梦中啊。"曹操知道了之后便越发厌恶杨修起来。

后来，杨修又利用自己的聪明才智帮助曹植争夺王位的继承权，这越发引起曹操的不满，已经有杀死杨修的心思了。

一次，曹操在与刘备交战的时候处于下风，兵败斜谷，进退不能，犹豫不决，恰好厨师端上鸡汤来。曹操看见汤中有鸡肋，不禁有感于怀。正在沉吟之时，夏侯惇进帐请示夜间的口令，曹操随口道："鸡肋，鸡肋。"夏侯惇便传令官兵，以"鸡肋"为号。杨修闻号令是"鸡肋"，就教随行的士兵收拾行装，准备归程。有人告诉夏侯惇，夏侯惇大惊，问杨修为什么要收拾行装。杨修道："通过今晚的号令，就知道魏王不几天就要退兵了。鸡肋这个东西，吃起来没什么肉，丢了又可惜。现在我们进攻不能取胜，退兵又怕被人笑话。在这里没什么好处，不如及早回去。来日魏王必定班师，所以先收拾行装，免得临行慌乱。"夏侯惇道："你真是了解魏王的心意啊！"于是寨里大小将士无不准备归计。

当夜曹操心乱，睡不着觉，悄悄在营中巡视，只见将士们都在收拾行装，赶紧叫来夏侯惇询问缘故，夏侯惇便说，杨修知道大王退兵的意思。曹操叫来杨修询问，杨修把鸡肋的意思告诉曹操，曹操大怒道："你怎敢胡言，乱我军心？"就命令刀斧手将杨修推出去斩首示众了。

【心理学处方】

克服心理狭隘有以下7种方法。

1. 充实知识

人的心眼与其知识修养有密切关系。当一个人知识多了，立足点就会高，眼界也会相应开阔。此时，就会对一些小事、小利拿得起，放得下，丢得开。狭隘性格的人要多读一些道德修养和人际交往方面的书籍，培养自己的集体主义精神和互助友爱精神。

2. 增长阅历

心胸狭隘和见识少密切相连，阅历浅，接触社会的机会较少，头脑中积累的知识经验少，很容易出现认识上的片面性、看问题的绝对化和极端化。偏激认识一旦产生，就容易固执己见，容不下有悖于自己观点的人和事。"曾经沧海难为水，除却巫山不是云"。一般来说，人的阅历越广，见识就会越高，心胸就会越开阔，心境就会越恬淡从容。

3. 放弃自私

狭隘和自私是"孪生姐妹"。狭隘的人把目光投向自己，他们把"拔一毛而利天下，不为也""为人只说三分话，不可全抛一片心""各人自扫门前雪，莫管他人瓦上霜"作为人生信条，唯我独尊，固执己见，时时、处处都从自己的利益出发，在交往中更是极力排斥"异己"，结果落得了门庭冷落的局面。

心胸狭隘之人往往容不下比自己强的人，嫉妒超过自己的人，他们只愿和不如自己的人交往，结果导致其自负心理的增强和交际圈大大缩小。

门庭冷落和交际圈的缩小，必然带来孤独、寂寞和空虚的困扰。如果我们为自己确立了一个积极的生活目标，把眼光放长远一些，自己的得与失也就不算什么了。把眼光从狭隘的个人小圈子中放出去，抛开"自我中心"，就不会遇事斤斤计较，"心底无私"才能"天地宽"。

4. 扩大交际面

心理是对客观现实的能动反映，人的性格、品格都是主体同环境互相影响的结果。人与环境的交流越多、越广泛，人的开放程度就越大，心胸越开阔；越是生活在封闭、抑郁的环境里，思想、胸怀也就越容易狭隘。

狭隘心理往往是与"个体与环境间缺乏交流"相关的，交流的缺乏，导致心胸的狭隘，而狭隘的心胸，又造成自我封闭，限制了交往的开展，

如此恶性循环，个性就在狭隘的坐标系统中进一步强化。

因此，扩大交际面，加深与外界的了解与沟通，更透彻地了解别人与自己，增长见识，拓宽心胸，是克服狭隘心理的重要途径之一。从狭窄的个人圈子中走出来，就不会像"井底之蛙"那样鼠目寸光，只看到自己一时的得失了。

5. 待人以宽

人作为社会中的一员，必然要在社会中生活，免不了要与别人发生交往。为了使交往顺利进行，应本着人际交往的互酬原则，也就是说，在交往中不要只想到自己的私利，甚至还想从别人那里得到点好处。

须知，在一定程度上，你付出多少，最终也会从别人那里得到多少。因此，豁达大度、待人以宽是我们待人处事应遵循的一个原则。只要不是原则上的事，不要对吃一点亏而耿耿于怀。

6. 多结交那些被公认为慷慨大度、大方的人

你的周围一定会有这种人，跟他们在一起，你会潜移默化地受到坦荡胸怀、恢宏气度的影响，学到他们待人接物的方法。最好少跟极端自私、斤斤计较的人在一起，有句俗话说得好，"守好邻学好邻"，选择朋友也同样如此。

7. 培养生活雅趣

多参加朋友圈或社区里的文娱、体育活动，拓宽兴趣范围，在丰富多彩的活动和彼此广泛的交往中，感受生活中的新鲜刺激，感受生活的美好，增强审美情趣，陶冶性情，净化心灵，从而在健康向上的氛围中增强精神寄托，消除心理压力。

车惹谁了

[攀比心理]

事例一

小陈和小丽刚刚结婚,两个人如胶似漆,好得不得了。然而,最近一段时间,小丽表现得郁郁寡欢,小陈下班去小丽单位接她时,她不再像以前那样高高兴兴地坐上车,搂着小陈的脖子问他想不想她,而总是要等其他同事差不多走完了才不紧不慢地出来。小陈为此忍不住数落了小丽几句,没想到小丽委屈地说:"你以后不要把 QQ 车开到公司门口来了,那边有个巷子,你就停那儿,我保证一下班就过去。"小丽还说,最近办公室讨论自己老公开什么车成了热门话题。"关姐平时在办公室不显山不露水,这段时间可找到感觉了,打嘴仗谁都打不过她,没办法,她老公开的是豪车,在公司门口一摆,就是让人羡慕得不得了,而你开着小 QQ,让我在同事中一点面子都没有。"

事例二

①老王辛苦了一年,年终奖拿了一万,左右一打听,办公室其他人年终奖却只有一千。老王按捺不住心中狂喜,偷偷用手机打电话给老婆:"亲爱的,晚上别做饭了,年终奖发下来了,晚上咱们去你一直惦记着的

故事里的心理学

那家西餐厅，好好庆祝一下！"

②老王辛苦了一年，年终奖拿了一万，左右一打听，办公室其他人年终奖也是一万，心头不免掠过一丝失望。快下班的时候，老王给老婆发了条短信：晚上别做饭了，年终奖发下来了，晚上咱们去家门口的那家川菜馆吃吧。

③老王辛苦了一年，年终奖拿了一万，左右一打听，办公室其他人年终奖都拿了一万二。老王心中郁闷，一整天都感觉心里像压着一块石头，闷闷不乐的。下班到家，见老婆正在做饭，嘟嘟囔囔地发了一通牢骚，老婆好说歹说劝了半天，老王才想开了些，哎，聊胜于无吧。把正在玩电脑的儿子叫了过来，摸给他一百块："去，到门口川菜馆买两个菜回来，晚饭咱们加两个菜。"

④老王辛苦了一年，年终奖拿了一万，左右一打听，办公室其他人年终奖都拿了五万。老王一听，肺都要气炸了，立马冲到经理室，理论了半天，无果。老王强忍着怒气，在办公室憋了一整天。回到家，一声不吭地生闷气，瞥见儿子在玩电脑，突然大发雷霆："你个没出息的东西，马上要考试了，还不赶紧去看书，再让我看到你玩电脑，老子打烂你的屁股！"

同样数目的年终奖，在不同的环境下却给人造成了截然不同的感受。因为很多人的快乐，在很多时候，并不是在于自己有多好，而是在于比别人好多少。很多人的痛苦，很多时候并不在于自己有多不幸，而在于比别人更加不幸。这种无谓的快乐和不幸，不仅浪费了自己的精力与感情，也使自己变得卑微与渺小。

正所谓，世上本无事，庸人自扰之。

【心理学处方】

攀比使得一部分人的心理自始至终都处于一种极度不安的焦躁和矛盾之中，使他们牢骚满腹、不思进取、心思不专。更有甚者会铤而走险、惹火上身，走上危险的钢丝绳。因此，我们必须要走出攀比的心理误区，并需要注意以下几点。

1. 选对参照物

攀比心理源于比较方式的不当,源于比较"参照系"的选择错误。腐败的地方官员,他们所选择的比较"参照系"自然是那些风流倜傥的有钱人,自认为能力、才华不比他们差,而收获却比他们少,这是多么不公平啊!其实,只要我们多想一想那些普通劳动者,我们的心里又怎会有这么多的焦灼、急躁与失落和愤愤不平呢?面对普通大众,我们的心灵必然会多一份平静豁达,甚至多一份愧疚,这样还有什么不平衡可言呢?

2. 心底无私

心底无私是治愈攀比心理的良药。在当今社会种种诱惑特别是金钱美色的诱惑面前,一些人目眩神迷,忘记了做人的起码标准和为人的基本守则,在追求心理平衡的过程中,向腐败、堕落的目标迈进。在他们身上缺少的是一种圣洁的信念、奋斗的理想,同时还缺少正确的世界观、人生观,导致他们不能够自重、自省、自警、自励,不能够达到一种高尚人格的修炼。

3. 倾诉

倾诉法也叫发泄法,即将自己的内心痛苦向他人倾诉。倾诉法是近年来心理咨询和治疗中比较提倡的一种治疗心理失衡的方法。受挫后,如果把失望、焦虑的情绪封锁在心里,凝聚成一种失控力,它可能会摧毁肌体的正常机能,导致体内毒素滋生。适度倾诉,可以将失控力随着语言的倾诉逐步转化出去。倾诉既无副作用、效果也较好,如果倾诉对象具有较深的学识修养和实践经验,将会给失衡者的心理适当抚慰,鼓起他们奋进的勇气,受挫人会在一番倾诉之后轻松快乐许多。

4. 目标法

攀比干扰了自己原有的生活,打乱了自己原有的目标。重新寻找一个

方向，确立一个新的目标，这就是目标法。目标的确立，需要分析思考，这也是一个从消极心理转向理智思索的过程。目标法既可以抑制和阻止人们不符合目标的心理和行动，又可以激发和推动我们去从事达到目标所必需的行动，从而鼓起我们前进的勇气。

5. 通过自我暗示，增强自己的心理承受能力

自我暗示又称自我肯定，是指通过对个体预期目标积极的叙述，实现头脑中坚定而持久的积极认知，摆脱陈旧的、否定性的消极思维模式。自我暗示是一种强有力的心理调节技巧，可以在短时间内改变一个人的生活态度和心理预期，增强个体的心理承受能力。具体表现为带有鼓励性质的语言、符号及动作。比如，当看到别人比自己好时，在心中默念"其实我也很好"之类的语句，久而久之，盲目比较的习惯就会有所改善。

6. 尽可能地纵向比较，减少盲目地横向比较

比较分为纵向比较和横向比较。纵向比较是指个体和自己的昨天比较，找到长期的发展变化，以进步的心态鼓励自己，从而建立希望体系，帮助个体树立坚定的信心。横向比较是指个体与周围其他人的比较，有助于找到自己的不足，以便朝着更好的方向发展。但是由于竞争的日益激烈，人们往往会陷入横向比较的误区，忽略了纵向比较。

迟到的收获

[挑战]

　　一个大二的美国学生气喘吁吁地冲到教室,虽然已经尽了自己最大的努力,跑得只剩下半条命了,但时间却像是跟他作对似的,飞快地流逝。等他冲到教室的时候已经上课了,教授正在讲台上津津有味地讲授,沉醉在自己的学术世界里,没有留意到姗姗来迟的他。他的眼神箭一般地扫过教室的每一个角落,终于找到了一个有利的位子。因为迟到,没能听到教授前面所讲的内容,所以他只好抄下教授留在黑板上的两道练习题,来安慰自己因迟到而尴尬的心:迟到了也没什么大不了的,只是落下了一些课程而已,作为一名学生,作业还是应该交的。

　　一天的课程终于结束了,回到家后,为了减轻迟到带给自己的失落感,他打开了记着那两道练习题的笔记本,这是两道他从来没有见过的题目,陌生感激起了他挑战的欲望,于是下定决心不攻破它们誓不罢休。他马上进入了高度集中的应战状态,用眼睛死死地盯着本子,左右摇头苦思冥想,时间一分一秒地过去,那两道难题也毫不懈怠,拼命抵抗,虽然他已经用尽了自己所有的脑力,但还是只做出了其中的一道题,遗憾地对另一道题缴械投降。

　　在第二天的课堂上,羞愧万分的他抬不起头来,当和教授的距离越来越近的时候,他的头压得更低了,他鼓起勇气脸红心跳地把作业交给教

故事里的心理学

授,现在的他就想逃到一个没有人的地方。正当他羞愧得不知所措的时候,教授的声音惊走了他的这种情绪。教授看了作业后,惊讶地说:"天啊!你是怎么做到的?这可不是你能够做出来的啊!简直是太厉害了!"

只是解出一道数学题而已,居然能让教授惊讶得目瞪口呆,在场的人把所有的好奇都投给了他,大家的心里都在纳闷,这究竟会是一道怎样的题目。

实际上,那天教授在黑板上写下的并不是什么作业题,而是两道世界著名学者经过几十年的冥思苦想都没能破解的世界难题。为了让同学们开阔眼界,教授才将它们当成问题(open problem)拿出来让同学们一起研究。巧的是,没想到这被一名迟到的大二学生误以为是教授留下的作业题,而且他竟然解出了其中的一道。后来,他解出来的这道数学题被发表在了一本权威的学术杂志上。

想知道最后这个学生怎么样了吗?答案不言而喻,他最后成了一位著名的数学家。

将视线重新拉回到奇迹发生的那天,如果这个学生没有迟到,那么他就会知道黑板上的两道数学题是世界级著名学者都没能解出来的难题。这种情况下,他还能解出那道数学题吗?我们不得不怀疑。也许只要听到"世界著名学者都无法破解"这样的话,他就会和所有的同学一样,对它们望而生畏,退避三舍。之所以能下定决心去解那两道难题,那是因为他根本就没有意识到那是世界级难题,只把它们当作业而已,心里自然也就不会有压力。这样轻松的心态给了他一颗平和的心,没有杂念,没有外界的震慑。所以他才能凝聚自己所有的智慧来解这两道题,最终攻克了其中的一道。

【心理学处方】

事实上,不论是什么样的题目,什么样的事情,说难就难,说易就易。无论是已经有了定论,还是现在仍无法解答的东西,只要我们勇于挑战，它的结果也会根据我们所选择的挑战方式发生改变。人生也是如此，没有人能准确预测未来，也没有人能给别人或自己的人生做出定论，只要你还活着一天，就要尽自己的一切努力探寻真理。在探寻的过程中，我们的人生会因为我们看待社会的眼光和心态而有所不同。

  不知道你是否相信预言的力量，不论你是唯物主义者还是唯心主义者，都不能小视预言的力量，预言足以影响事情的结果。所谓的预言，实际上就是一种抽象的存在，存在于你的意识中。如果你对自己未来的预言是肯定的，那么在不久的将来，你可能会看到自己希望看到的结果，还能用自己的力量去感染身边的人。反之，如果你对自己未来的预言是消极的、否定的，那么你不但看不到自己所希望的结果，还会把自己消极悲观的情绪传染给周围的人。所以在对自己的未来做出预言之前，我们要先肯定自己，给自己足够的信心。

  你相信世界上有奇迹吗？虽然有很多人都否认奇迹的存在，但我却对此坚信不疑。可能在我和大家说话的瞬间，就已经有很多奇迹发生在我们不知道的角落里了，也许是在别人身边，也许会落到我们身上。

楚汉之争，谁主沉浮

[优柔寡断]

韩信率兵讨伐齐国时，斩了齐王田广，占领了齐国，不仅扩大了疆域，也壮大了自己的势力。这时，他已有数十万大军，成了举足轻重的人物。当时楚、汉相争的形势是，韩信叛刘归项则刘灭，向刘背项则项亡，如果韩信自树一帜则会形成三足鼎立之势。

在刘邦与项羽相争的最激烈时期，诸侯各据一方，或叛项归刘，或背刘降项，或自立为王，群雄逐鹿，各显其能。在风云变幻的楚汉相争中，英雄辈出，居然出现了一个不起眼的小人物——蒯通。蒯通把当时天下的形势看得极为透彻，深知"天下权在信"，于是拜见韩信，从当时的形势、韩信所处的环境与他的实力，以及他将来得天下的利益等诸方面苦口婆心地规劝他造反自立。但韩信考虑再三后说："先生言之有理，容我权衡一下，再做决定。"蒯通见韩信已被自己说服，便告辞了。

蒯通本以为韩信是个胸怀大志的人，将来一定能做出一番惊天动地的大事业，可他等了数日，却不见韩信有所行动，便又找到韩信，说："希望将军快做决定，机不可失，时不再来。"韩信当即回答说："先生请不要再费心了。我考虑再三，自从归汉后，刘邦肯把将军大印交给我，统领数万大军，现在又封我为齐王，如果忘恩负义，必遭报应。况且我擒魏豹、平赵、定燕、灭齐，立下战功累累，又一向以忠信对待他。我想汉王不会亏待我的。"蒯通听后,对韩信的性格有了了解,认为自己再劝也是徒劳,于是装疯卖傻地逃离了汉营。

当时,韩信正处于楚、汉相争的乱世,为他自树一帜提供了极好的契机。他本人也智勇超常,手握重兵数十万,又雄踞齐地,有能力、有把握自立为王,还有蒯通为他出谋划策——这是一位不可多得的谋士,他煞费苦心地规劝、开导,甚至开导到不能再开导的程度。天时、地利、人和都具备,而韩信仍然优柔寡断、胆小怯懦。正如他自己所说:"我若负德,必至不祥。"后来的事实证明,韩信的命运果然"不祥",但绝不是因"负德",而是由于他优柔、怯弱的性格所致,岂不是咎由自取。

后来韩信又一次错失良机。刘邦追杀项羽旧部钟离眛,韩信出于同乡之谊收留了他。这招致了刘邦的不满,而此时韩信若能当机立断,肯与钟离眛联手共同抗汉,不仅能保护钟离眛的性命,自己日后也能幸免于难。可惜的是,韩信在这次机遇面前仍犹豫不决,于是不仅失去了朋友,又眼睁睁地失去了成功的机会。最终,韩信被吕后诛杀。

【心理学处方】

一个人要想摆脱优柔寡断、保持果断的性格,可以从以下几点做起。

1. 要强化自我意识

遇事要沉着冷静,自己开动脑筋,排除外界的干扰或暗示,学会自主决断。要彻底摆脱那种依赖别人的心理,克服自卑的心理、培养自信心和独立性。

2. 要强化实践锻炼

一方面,要加强学习、积累知识、开阔视野,用知识来武装和充实自己,提高自己分析问题和解决问题的水平,并通过学习别人的经验来扩展自己决断事情的能力;另一方面,要积极投身到团队生活实践中去,刻苦

锻炼，不断丰富经验，增强自己的适应能力。

3. 要强化意志力量

要培养自己性格中意志独立的良好品质，对自己奋斗的目标要有高度的自觉。只要是经过你的实践认准的事，就应义无反顾地走下去，想方设法达到预期目的。不必追求任何事情都做得十全十美，不必苛求自己没有一点失败，不必过多地注意别人怎样议论你。

4. 调整好需求结构

当多种需求不能同时兼顾时，要抑制一些不可能实现的需求。如《孟子》所云："鱼，我所欲也；熊掌，亦我所欲也，二者不可得兼，舍鱼而取熊掌也。"

5. 要强化积极思维

俗话说：凡事预则立，不预则废。平时注意经常思考问题，增强预见性，关键时刻才能及时、果断、准确地做出选择。

从小学徒到大老板

[贝尔效应]

15岁小学毕业后,王永庆到一家米店做学徒。不久,他找父亲借来200元钱做本金,自己开了一家米店。当时大米加工技术比较落后,出售的大米里混杂着米糠、沙粒、小石头等,买卖双方都是见怪不怪。王永庆想,我要是在每次卖米前都把米中的杂物拣干净,人们肯定会更加喜欢我卖的米。于是他这样做了,果然这一做法深受顾客欢迎。在当时,其他的米店都不提供上门服务,王永庆卖的米多则是因为送米上门。他在一个本子上详细记录了顾客家有多少人、一个月吃多少米、何时发薪等。算算顾客的米该吃完了,就送米上门;等到顾客发薪的日子,再上门收取米款。王永庆给顾客送米时,并非送到就算。他先帮人家把米倒进米缸里,如果米缸里还有米,他就将旧米倒出来,将米缸刷干净,然后将新米倒进去,将旧米放在上层。这样,米就不至于因陈放过久而变质。他这个小小的举动令不少顾客深受感动,铁了心专买他的米。就这样,他的生意越来越好。从这家米店起步,王永庆最终成为今日台湾工业界的"龙头老大"。王永庆的一系列做法都是当时各米店老板不愿意或是不屑于去做的,但他做了,并取得了成功。同样是卖米,结果会如此不同,关键在于王永庆拿出了一种改变服务观念的勇气,并且将之付诸实施!事情似乎很小,做起来好像也轻而易举,但却只有成功者才做得出来!

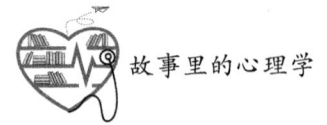

【心理学处方】

不论环境如何,在我们的生命里,均潜伏着改变它的力量。如果你满怀信心,积极地想着成功的景象,那么世界就会变成你想要的模样。你可以达到成功的最高峰,也可以在庸庸碌碌中悲叹。而这一切的不同,仅仅在于你是否有成功的信念!很多事情我们不做,并不在于它们难,而在于我们不敢。其实,人世中的许多事,只要想做,并相信自己能成功,那么你就能做成。所以,对那些说你不会成功、你生来就不是成功者的料、成功不是为你准备的闲言碎语等,你完全可以置之不理,只需要用行动来证明自己的能力。想着成功,你的内心就会产生为成功而奋斗的无穷动力。不管遇到什么困难,都要坚信自己一定能成功,那么,最终你一定会成功。要知道,你来到世间就是为了取得成功!

挫折是条狗

［挫折］

有一种动物，人们至今都叫它"狗"。有一只狗的名字叫作"挫折"，"挫折"是一条狼狗，牙齿尖利而凶猛。

古时候，有两个商人，他们经商多年，一帆风顺，但都不知道狗是什么样子的。

第一个商人胆子十分小。一天，他在街上看到有人卖"挫折"，就跑去问："这小东西蛮可爱的，叫什么呀？"卖狗的人说："它叫'挫折'，你要吗？"商人迫不及待地回答："要！要！要！"他付了钱，并要求卖狗的人把"挫折"送到家里去。卖狗的人走了，商人上前抚摩挫折，而"挫折"凶狠地叫了一声："汪！"吓得他浑身发抖。他以为自己太高，令"挫折"不满意，便伏下身子爬到"挫折"面前，刚伸出手要抚摩它，"挫折"便咬断了他两根手指头，商人跑出房屋，满山坡奔跑，"挫折"追在后面，商人在慌乱中坠落进河沟，"挫折"不依不饶地叫了数声后才离开。商人被救上岸时，差点儿断了气。

第二个商人在路上碰见了"挫折"，他也不知道它是什么动物，便小心翼翼地上前，想抚摩它那光滑的皮毛，可"挫折"凶狠地叫了一声："汪！"还要扑上来撕咬他，勇敢的商人拿起马鞭狠狠地抽了它两下，它便老实了，从此对商人服服帖帖。

一天，这两个商人一同去庙里进香拜佛，他们要告辞时，商人问老和尚："老师傅，拴在树边的那个小动物叫'挫折'，它到底是什么动物啊？"老和尚笑了笑，说："人的一生有很多的挫折，其实，'挫折'是一条狗！你要怕它，它就凶狠；你要不怕它，它就能被你驯服！"

【心理学处方】

心理学上所说的挫折，是指人们为实现预定目标采取的行动受到阻碍而不能克服所产生的一种紧张心理和情绪反应，它是一种消极的心理状态。

在人生漫长的旅途中，由于各种主客观原因，没有人是一帆风顺、万事如意的，难免都会遇到一些困难和失败，乃至饱经风雨和坎坷。一般学习上的困难、工作中的不顺利、同学和朋友之间的一时误会和摩擦、恋爱中的波折等，固然会引起不良情绪反应，但相对而言，这些事情毕竟是区区小事，影响不大。但严重的挫折则会造成强烈的情绪反应或者引起紧张、消沉、焦虑、惆怅、沮丧、忧伤、悲观、绝望等消极心态。

长期下去，这些消极恶劣的情绪得不到消除或缓解，就会直接损害身心健康，使人变得消沉颓废，一蹶不振；或愤愤不平，迁怒于人；或冷漠无情，玩世不恭；或导致心理疾病，精神失常，严重者可能轻生自杀、行凶犯罪。青年人大都有远大理想，热情高，但涉世浅、经验少，很容易产生挫折感，他们的感情又较脆弱，缺乏锻炼、耐力差，遭遇挫折后很容易产生激烈的心理冲突，不能自制和自拔。

因此，怎样对待逆境、应付挫折，对于每个人来说都是一次严峻的考验，需要我们用行动做出抉择和回答。

心理学的知识和生活经验告诉我们，应付逆境、挫折的办法不外乎以下4点。

1. 要正确认识挫折

每个人都应懂得，在人生道路上和现实生活中，由于高考落榜、应聘失败、事业不成、身染痼疾、工作事故、信仰破灭、家庭变故、生离死别、自然灾害，以及政治、经济、种族、宗教、伦理、道德、风俗、民情、传统等各种客观环境的影响，再加上个人诸多主观条件的限制，随时都会遇到大小、轻重不同的挫折。

挫折是社会生活中的正常现象，几乎每个人都无法逃避。认识到这一点，一旦遇到挫折，思想就会有所准备，不致惊慌失措。同时还应该认识到，一个人的一生中经受一些适当的挫折，并不完全是坏事。挫折可以磨砺人的意志，提高扭转逆境、克服困难、适应社会生活的能力。古人说的"多难兴才""人激则奋"就是指的这个道理。反之，一个人如果不经历困难和挫折，一直一帆风顺，就犹如温室里的花卉，经不住人生中的风霜雨雪，很容易被一时的挫折所压垮。这样的人难以成才，难以有所作为。

2. 培养对挫折的耐受力

在挫折面前，每个人的耐受力往往不尽一致，差别较大。有的人即使接连遭受严重挫折，仍坚韧不拔、百折不挠、拼搏进取；有的人稍遇挫折就垂头丧气、一蹶不振，甚至自寻短见。实践证明，身体强壮、心胸开阔、常处逆境、思维活跃、有理想、有抱负、有修养的人，对挫折的耐受力强；相反，体弱多病、心胸狭窄、娇生惯养、感情脆弱、缺乏雄心壮志的人，对挫折的耐受力则低。对挫折的耐受力，虽然与遗传因素有关，但更重要的是来自于后天的教育、修养、实践、经验和锻炼。在现实生活中，每个人都可以通过自觉、有意识的锻炼培养提高自己对挫折的耐受力。

3. 学会应对挫折的技巧

凡是历经磨炼、有修养的人，每逢受到挫折时，大都有一些灵活应变、化险为夷的窍门。归纳起来，大致有以下几种：

①期望法。遇到挫折时，尽量少考虑暂时得失，多想想美好的未来，不断激励自己：振作起来，一切都会过去，将来一定会成功。

②知足法。在挫折面前，要满足已经达到的目标，对一时难以做到的事情不强求，多看看周围不如自己境况的人，顺其自然。这样，就容易从烦恼、痛苦中解脱出来，为将来的成功创造良好的心理环境。

③补偿法。古人说：失之东隅，收之桑榆。即在某方面的目标受挫时，不灰心气馁，以另一个可能成功的目标来代替，避免陷入苦恼、忧伤、悲观、绝望的境地。

④升华法。在遭受个人婚恋失败、家庭破裂、财产损失、身患疾病等打击后，化悲痛为力量，发奋图强，去取得学习、工作和事业的成功，这是应付挫折最积极的态度。

4. 想象未来：用十年后的眼光塑造现在的自己

遇到挫折后，可以问问自己，到底想要成为什么样的人？在教练心理学看来，我们可以想想自己到底想要怎样的未来。比如，十年后我们想成为什么样的人。周迅当年刚出道没多久，因为之前对自己也没有规划，什么戏都接拍，那时也并没有多大成效。后来她的老师指点了她，老师要周迅想象自己十年后是什么样，然后周迅说想成为一个一流的演员。然后老师继续问她，如果你想成为一流的演员，你现在要做什么？周迅后来明白了，学会选择剧本、演好戏才是最关键的。于是她按照想象中的十年后的自己来塑造自己，慢慢地实现了自己的目标。

所以在低谷挫折的时候，你需要静下心来，现在就开始为你的梦想做好准备，用十年后的标准要求现在的自己。古语说：取法乎上，得乎其中，取法乎中，得乎其下。我们需要给自己的生活找到标杆，向你想要的那个自己靠近，你才会越来越好。

总之，困难、挫折、失败并不可怕，只要能直面人生、勇于拼搏，人生之船就会战胜惊涛骇浪，驶过激流险滩，到达理想的彼岸。即使是一时受挫、失败，也终会成为人生之路勇敢的开拓者和事业上的成功者。在改革开放的大潮中，脱颖而出的众多年轻优秀人才，他们的成才与成功，实际上就是不断战胜挫折、奋勇开拓取得的。

大猩猩巧取香蕉

[顿悟]

德国心理学家苛勒是格式塔心理学的主要创始人之一。1913年，苛勒接受普鲁士科学院的邀请，到西班牙届地腾纳列夫研究猩猩的学习。

在苛勒所做的研究实验中，"取香蕉"的实验是最有名的。在一间屋子里，猩猩可以看到屋顶上悬挂着一串香蕉，但是它够不到，屋内的地上还有几只箱子。

面对这样的情景，猩猩一开始试图跳起来抓取香蕉，但是没有达到目的。后来它不再跳了，而是在房间里走来走去，仿佛在观察房间里的东西。

经过一段时间，猩猩突然走到箱子前面，站着不动，过了一会儿，它把箱子挪到香蕉下面，跳到箱子上，取到了香蕉。如果一只箱子不够高，猩猩还能把两个或更多的箱子叠起来以拿到香蕉。

苛勒还设计了许多类似的情景让猩猩解决问题。通过这些研究，苛勒发现：猩猩不是通过尝试错误的方法来学习如何拿到香蕉的，而是突然学会如何解决问题的。

苛勒认为，用"知觉重组"可以解释这种学习：猩猩突然发现了箱子与香蕉之间的关系，它在认知结构中将已有的知识经验进行了重新组合，因而找到了解决问题的新方法。苛勒把这种学习叫作顿悟学习。

故事里的心理学

【心理学处方】

通过这个实验,我们也可以看到自己的影子。一个人要做到顿悟学习,必须具备对问题思考的量的积累、外界情境的触发等要素的综合作用。

在解决问题的时候,上一秒你还完全处在无法解决问题的状态中,而下一秒就突然身处即将解决问题的边缘,有一种灵光一现的感觉。

这就是顿悟,百思不得其解的问题,换个角度看可能会忽然变得豁然开朗。但是顿悟并不是靠着单纯的努力或是经验的积累就能得到的,它是一种创造性地解决问题的方法,对从事创作型工作的人而言尤其重要。

如果下次你再遇到类似的困境,可以参考以下几点:

①思考的过程很重要,过程越长越深入,转变的冲击力也就越大,很多事情都要深入思考。

②当你觉得问题陷入僵局,不知如何是好的时候,最好停下来,转换一下自己的思维方式,或者是做一些能让自己大脑得以放松的娱乐活动,然后再回头看这个问题,也许你会获得另一种看待问题的方式。《少年包青天》里面这样的例子比比皆是,每当包拯觉得案子有个点接不上的时候,出去转一圈,就会突然获得路人提示,然后找到破案的关键。

③顿悟还需要有一个触发的情境,在学习中注意结合学习的内容,积极创造一个相应的学习环境,对于激发顿悟的感觉十分有益。可见,顿悟完全是一种个人体验,与个人的领悟力有着紧密的联系。

④观念的接受和转变。观念的接受必然带来行为的转变,一定要注意接受观念以后,尽快实现行为的转变。

美国心理学家威廉·詹姆斯有一个观点:一个人认为自己是什么样的人,他就会成为什么样的人。潜意识中的自我意象对人的行为思想有着至关重要的影响。我们可以明晰,何以多数人的顿悟只能是如彗星般一扫而过,不能长久停留。意识中一闪而过的思想火花,终究难以在潜意识中留下烙印。真正的顿悟,应该是为潜意识所接受,并最终成为自己的本能。

独木桥的走法

[心态]

一天，几个学生向著名心理学家弗洛姆请教：心态对一个人会产生什么样的影响？

弗洛姆微微一笑，什么也不说，把他们带到了一间黑暗的房子里。在他的引导下，学生们很快就穿过了这间伸手不见五指的神秘房间。接着，弗洛姆打开房间里的一盏灯，在这昏黄如烛的灯光下，学生们才看清楚房间的布置，不禁吓出了一身冷汗。原来，这间房子的地面就是一个很深很大的水池，池子里蠕动着各种毒蛇，包括一条大蟒蛇和三条眼镜蛇，有好几只毒蛇正高高地昂着头，朝他们"滋滋"地吐着信子。就在这蛇池的上方，搭着一座很窄的木桥，他们刚才就是从这座木桥上走过来的。

弗洛姆看着他们，问："现在，你们还愿意再次走过这座桥吗？"大家你看看我，我看看你，都不作声。

过了片刻，终于有三个学生犹犹豫豫地站了出来。其中一个学生一上去，就异常小心地挪动着双脚，速度比第一次慢了好多倍；另一个学生战战兢兢地踩在小木桥上，身子不由自主地颤抖着，才走到一半，就挺不住了；第三个学生干脆弯下身来，慢慢地趴在小桥上爬了过去。

"啪"，弗洛姆又打开了房内另外几盏灯，强烈的灯光一下子把整个房间照耀得如同白昼。学生们揉揉眼睛再仔细看，才发现在小木桥的下方装

 故事里的心理学

着一道安全网,只是因为网线的颜色极暗淡,他们刚才都没有看出来。弗洛姆大声地问:"你们当中还有谁愿意现在就通过这座小桥?"

学生们没有作声,"你们为什么不愿意呢?"弗洛姆问道。"这张安全网的质量可靠吗?"学生心有余悸地反问。

弗洛姆笑了:"我可以解答你们的疑问了,这座桥本来不难走,可是桥下的毒蛇对你们造成了心理威慑,于是,你们就失去了平静的心态,乱了方寸,慌了手脚,表现出各种程度的胆怯——心态对行为当然是有影响的啊。"

其实,人生又何尝不是如此呢?在面对各种挑战时,也许失败的原因不是因为势单力薄,不是因为智能低下,也不是没有把整个局势分析透彻,反而是因为把困难看得太清楚、分析得太透彻、考虑得太详尽,才会被困难吓倒,举步维艰。倒是那些没把困难完全看清楚的人,更能够勇往直前。如果我们在通过人生的独木桥时,能够忘记背景,忽略险恶,专心走好自己脚下的路,我们也许能更快地到达目的地,不是吗?

【心理学处方】

"人不是被事情本身所困惑,而是被对事情的看法所困惑",睿智的古希腊哲学家如是说。什么是心态,简单地说,心态就是你面临事情的态度,还有一个更高级的版本说道,心态其实就是心大一点。

心态对一个人的重要性不言而喻,心态决定命运,心态好的人,往往机遇更好,心理更健康,容易幸福;心态不好的人,由于内心愤愤不平,也会错失许多机遇。如果我们想要真正改变心态,必须要明白下面几个心理学效应。

1. 情绪 ABC 理论:情绪决定认知,认知改变行为

心理学发现,其实事情是中立的,决定我们对事情看法的往往是我们的内心的认知与相应情绪。最为经典的例子就是半杯水,悲观的人看到

了，叹息道只有半杯水，而乐观的人看到了，则开心地笑起来，心想还有半杯水。

2. 二八定律：世上除了生死，一切都是小事

二八定律告诉我们，真正影响我们人生大事的只有百分之二十的事情，其他的都是百分之八十的小事。这其实也是告诉我们，对于生活中很多事，我们无须过多担心与忧心，因为把它拉长了看，在时间的长河中，并没有多大的事情。举个例子，20岁失恋的时候，你以为天都塌下来了，但是当你30岁回想这件事时，你会觉得其实是小事；23岁刚工作，被领导骂，感觉自己太难受了，但是当你30岁再来看时，你会发现原来这就是成长的必然。

正如一句流行的话所说，世上除了生死，一切都是小事。我们最需要的是在影响我们人生关键的选择点做好即可，这样我们的心态才会更好，也才会懂得抓大放小，内心越来越平和。

3. 半途效应

半途效应是指在激励过程达到半途时，由于心理因素及环境因素的交互作用而导致的对于目标行为的一种负面影响。大量的事实表明，人的目标行为的中止期多发生在"半途"附近，在人的目标行为过程的中点附近是一个极其敏感和极其脆弱的活跃区域。导致半途效应的原因主要有两个，一是目标选择的合理性，目标选择的越不合理越容易出现半途效应；二是个人的意志力，意志力越弱的人越容易出现半途效应。这就要求班主任在平时教育学生时应多注意学习各方面的知识，培养多方面的能力，同时也要多进行意志力的磨炼。行为学家提出了"大目标、小步子"的方法，对于防止半途效应的发生具有积极的意义。

4. 刺猬法则

"刺猬"法则可以用这样一个有趣的现象来形象地说明：两只困倦的

刺猬由于寒冷而拥在一起，可怎么也睡不舒服，因为各自身上都长着刺，紧挨在一块，反而无法睡得安宁。几经折腾，两只刺猬拉开距离，尽管外面寒风呼呼，可它们却睡得甜乎乎的。

"刺猬"法则就是人际交往中的"心理距离效应"。管理心理学专家的研究认为：领导者要搞好工作应该与下属保持亲密关系，但这是"亲密有间"的关系。特别要提醒的是，领导者与下属亲密无间地相处，还容易导致彼此称兄道弟、吃喝不分，并在工作中丧失原则。

本质上来说，我们要想心态好，其实就是要明白人生的本质是什么，当你懂得人生中最重要的事情时，你就会放下许多东西，也会越来越懂得生活。

国王与三个儿子

[宽容]

一位国王决定将王位传给三个儿子中的一个。一天,国王把三个儿子叫到跟前,说:"我老了,决定把王位传给你们三兄弟中的一个,但你们三个都要到外面去游历一年。一年后回来告诉我,你们在这一年内所做过的最高尚的事情。只有那个真正做过高尚事情的人,才能继承我的王位。"

一年后。三个儿子回到了国王跟前,告诉国王自己这一年来在外面的收获。

大儿子先说:"我在游历期间,曾经遇到一个陌生人,他十分信任我,托我把他的一袋金币交给他住在另一镇上的儿子。当我游历到那个镇上时,我把金币原封不动地交给了他的儿子。"

国王说:"你做得很对,但诚实是你做人应有的品德,不能称得上是高尚的事情。"

二儿子接着说:"我旅行到一个村庄时,刚好碰上一伙强盗打劫,我冲上去帮村民们赶走了强盗,保护了他们的财产。"

国王说: "你做得很好,但救人是你的责任,这称不上是高尚的事情。"

三儿子迟疑地说:"我有一个仇人,他千方百计地想陷害我,有好几次,我差点就死在他的手上。在旅途中有个夜晚,我独自骑马走在悬崖

边，发现我的仇人正睡在一棵大树下，我只要轻轻地一推，他就会掉下悬崖摔死。但我没有这样做，而是叫醒了他，告诉他睡在这里很危险，并劝告他继续赶路。后来，当我下马准备过一条河时，一只老虎突然从旁边的树林里跳出来，扑向我。正在我绝望时，我的仇人从后面赶过来，他一刀就结束了老虎的命。我问他为什么要救我的命，他说，'是你救我在先，你的仁爱化解了我的仇恨。'这……这实在是不算做了什么大事。"

"不，孩子，能帮助自己的仇人，是一件高尚而神圣的事。"国王严肃地说，"孩子你做了一件高尚的事，从今天起，我就把王位传给你。"

【心理学处方】

一个不肯宽容、总是执着于仇恨的人，其实就是在用他人的过错惩罚自己。原谅他人，是善待自己的最好方法，因为释放了自己，你才能获得自由、幸福的心态。

1. 要培养宽容的心态

不妨在看到别人"犯错"时，首先告诉自己：未必如此。别人的做法也许未必是错误的，也许是因为自己还没有理解别人的真实用意。每个人对别人的判断都会受到自己主观因素的影响，不一定完全公正，武断地得出结论很容易引起误会甚至冲突。所以，在做出决定前，一定要清楚所有事实。

其次，如果你确定对方犯错，那就告诉自己：人难免会……人非圣贤，孰能无过，自己应当设法宽恕对方的过错，这样才能将谈话或工作推进下去，也可以让你赢得更多的朋友。

最后，如果你为此苦恼甚至动怒，那就问问自己，值得为了别人的过失而付出自己不快乐的代价吗？此外，还要通过培养自律、自控的能力，避免自己陷入失控的泥潭。

2. 提高自己的修行：学会适应一些小摩擦

我们需要了解的是，我们生活在一个交际型社会中，人与人之间的交往难免会出现磕磕碰碰，在他人无意冒犯的情况下，你应该尝试着让自己学会宽容，提高自制能力，宽容理解与误解。所以最根本的解决之道其实是提高自己的修行。

修行并不是一味地包容，修行强调的是让自己不卑不亢，情绪平和，其可以通过各种方式去实现。假若他人故意挑衅，刻意伤害，你应该学会让自己明确地告诉对方：他的行为已经让你感觉到不适，他应懂得收敛。

有些人的心理成熟度不高，在遇到了事情以后极易受到情绪的控制，一旦认为自己受了委屈，便很容易失去自控能力，做出各种报复行为来。

这种报复其实就是内心执着的念头，情绪远远没有得到释放，如果我们懂得在这样的情况下，接受他人的情绪，宽容他人，就会发现另一个美好的世界。

一直沉浸在报复中的人生毫无快乐可言。所以我们要记得远离报复心理，懂得发自内心地宽容别人，你才有机会去体会美好的生活，让自己越来越有福气。

活下来的沙丁鱼

[鲶鱼效应]

挪威人喜欢吃沙丁鱼，尤其是活鱼。市场上活沙丁鱼的价格要比死鱼高许多，所以渔民们总是千方百计地想让沙丁鱼活着回到渔港。但沙丁鱼非常娇贵，极不适应离开大海后的环境。当渔民们把刚捕捞上来的沙丁鱼放入鱼槽运回码头后，用不了多久沙丁鱼就会死去。虽然渔民们经过种种努力，但绝大部分沙丁鱼还是在中途因窒息而死亡。令人奇怪的是，有一条渔船总能让大部分沙丁鱼活着回到渔港。船长严格保守着秘密，直到他去世，谜底才揭开。原来是船长在装满沙丁鱼的鱼槽里放进了一条以鱼为主要食物的鲶鱼。鲶鱼进入鱼槽后，由于环境陌生，便四处游动。沙丁鱼见了鲶鱼十分紧张，左冲右突，四处躲避，加速游动。这样一来，一条条沙丁鱼便"欢蹦乱跳"地回到了渔港。这就是著名的"鲶鱼效应"。

【心理学处方】

鲶鱼效应对"渔夫"来说，在于激励手段的应用。渔夫采用鲶鱼来作为激励手段，促使沙丁鱼不断游动，保证其还活着，以此来获得最大利益。在企业管理中，管理者要实现管理的目标，同样需要引入鲶鱼型人才，以此来改变企业相对一潭死水的状况。

鲶鱼效应对于"鲶鱼"来说，在于自我实现。鲶鱼型人才是企业管理所必需的，其是出于获得生存空间的需要出现的，并非一开始就有如此良好的动机。对于鲶鱼型人才来说，自我实现始终是最根本的。

鲶鱼效应对"沙丁鱼"来说，在于缺乏忧患意识。沙丁鱼型员工的忧患意识太弱，一味地想追求稳定，但现实的生存状况是不允许沙丁鱼有片刻的安宁。"沙丁鱼"如果不想窒息而亡，就应该也活跃起来，积极寻找新的出路。以上三个方面都是探讨鲶鱼效应时必须考虑的问题。

鲶鱼效应的根本就是一个管理方法的问题，而应用鲶鱼效应的关键就在于如何应用好鲶鱼型人才，如何对鲶鱼型人才或组织进行有效的利用和管理是管理者必须探讨的问题。由于鲶鱼型人才的特殊性，管理者不可能用和以前相同的方式来管理鲶鱼型人才，已有的管理方式可能有相当一部分已经过时。因此，鲶鱼效应对管理者提出了新的要求，不仅要求管理者掌握管理的常识，而且还要求管理者在自身素质和修养方面有一番作为，这样才能够让鲶鱼型人才心服口服，才能够保证组织目标得以实现。因此，企业管理在强调科学化的同时，应更加人性化，以保证管理目标的实现。

鲶鱼型人才在组织中如何安身立命也是一个必须着重说明的问题。历史上有很多"好动"的人才最后都没有落得好下场，原因就在于他们的"好动"，而且往往在得罪了很多人后，这些人又联合起来将他打压了下去。虽然组织因为这些"好动"的人而得到了长足的发展，但是这些"好动"的人的下场也让很多人想动却不敢动。其实鲶鱼型人才在组织中的生存是有规律可循的。鲶鱼型人才要做到最好，但也要学会低调和韬光养晦；要忠诚于组织，但也要学会功成身退，毕竟任何忠诚都是有限度的；要努力工作，但也要讲究做人做事的方法，或者也可以称作手段。对于鲶鱼型人才来说，最重要的固然是自我价值的实现，但最根本的却是如何求得自身的安全。

活在别人影子里的人

[过度敏感]

事例一

小马去探望多年不见面的同事。这位同事已是商界的知名人物，每天拜访他的人很多，因此感到十分疲劳。于是，他对来家里的客人，只要是关系一般的，一律不冷不热地待之。

小马以为自己会受到热情款待，不料到那里后，发现同事对他不冷不热，心里顿时有一种被忽视的感觉，认为此人太不够朋友，小坐片刻便借故离去。他愤愤然，决心再不与之交往。

事例二

杨姐与马姐来朱某家串门，朱某热情款待，两人走后，杨姐突然来电话，说她的金戒指不见了，问是不是掉在朱某家了。朱某四处寻找也没有发现戒指，就回电话说没有，可是杨姐却语气坚定地说："你再好好地找一找，这个戒指是24K金的，很贵重的。"听了杨姐的话，朱某顿时感觉自己好像做了贼似的，脸上感到火辣辣的，好像无数双眼睛都在盯着她。在单位看到同事们小声说话，她甚至怀疑是在议论她贪污杨姐的戒指。从此，朱某再也不愿意与同事们打交道了。

事例三

玲玲是一个敏感的人，虽然对工作认真负责，但是对同事而言，她是一个很难接触的人。这是因为玲玲对于外界事物过于敏感，经常将别人的好意看成是对她的挑衅。有一次，玲玲工作上的一个疏忽被领导发现，他对玲玲说："你总是这样可不行啊，公司的事情马虎不得，所以一定要多用点儿心。"仅仅一句简单的提醒，在很多人看来只要以后注意就可以了，然而对于玲玲来说像天要塌下来一样。她不但为自己的工作疏忽而内疚，还对领导这句"总是"一词过分敏感，怀疑有人在领导面前打小报告，还将怀疑对象锁定为坐在自己对面的小王。于是玲玲对小王充满敌意，即便是人家对她微笑，她也认为那是一种扬扬得意的挑衅与嘲弄。

【心理学处方】

1. 学会忘记过去类似的痛苦经历

心理学家认为，当过去的痛苦经历再次出现时，人们往往会变得过度敏感。尤其是别人碰到自己的痛处时，常常不能理性地克制情绪。

过度敏感的人，可能曾经在某些方面受过同样的伤害，所以对待人群就会过于敏感。玲玲因为曾经被同事告状，所以一旦发生这种事情，就很容易联想到过去的经历做过多的猜想。

如果我们想要告别过度敏感，首先就要学会钝感力。什么是"钝感力"呢？"钝感力"的意思就是"迟钝之力"，指的是从容面对生活中的挫折伤痛，不要过分敏感。

现代社会是一个压力社会，不顺畅的爱情、竞争激烈职场、暗流涌动的人际关系，种种压力排山倒海压过来，逐渐侵蚀人的健康。

而钝感力则是人生的润滑剂、沉重现实的千斤顶，具备不为小事动摇

的钝感力，灵活和敏锐才会成为真正的才能，让人大展拳脚，变成真正的赢家。

2. 切勿自作聪明，反误了卿卿性命

过度敏感的人，其实是太在乎别人的看法，有时也是自作聪明的表现。尤其是有些人连芝麻绿豆大小的事都不放过，对于别人的一句话也要思量半天，揣摩是不是对自己别有用意。这样的人往往敏感过度，还会备受敏感的折磨，给自己带来很大的人际关系的困扰。

试想一下，如果一个人天天想着今天张三白了我一眼，肯定是对我有意见，明天李四开我的玩笑，明显是对我的一种挑衅，别人窃窃私语，肯定是在说我的坏话。

最终大家肯定都不敢跟其有任何交流了，即使这样，他还要在心里揣测：他们一定是想联合起来对付我。这样的人不仅自己活得很累，周围的人也会手足无措，不知道如何与其相处，最后只能对其敬而远之。长此以往，不仅容易被孤立，还会给自己带来苦闷，喘不过气来。

学会在生活中大智若愚，是一种高明处世的哲学，可以省去自寻烦恼的无聊。如果我们在生活中不想过度敏感，为小事烦恼，我们就要学会抓大放小，每次被小事情纠结烦恼的时候，都先问问自己，这件事到底对自己有多大的影响，这样才能从容去应对。

3. 对小事得过且过，不要刻意追究

人活在这个世界上已经很不容易了，如果再给自己增加负担，无异于作茧自缚。敏感就像一条无形的绳索，将自己越缠越紧，别人在外面什么都看不出来，自己却已经快要被缠绕得窒息了。过度的敏感就像是条死胡同，越走越黑，越走越没有出路。

敏感并不是一件坏事，生活中保持适度的敏感能够帮我们完善自己的不足之处，也是我们生理、心理健康的标志，然而敏感一旦出现过度的趋势，势必会导致生活中出现不和谐的现象。

面对生活，我们应该以积极开朗、从容平和的态度对待它，不要因为一些琐碎的小事就郁郁寡欢。只有这样，我们才能从狭隘的观念中走出来，心平气和地去享受属于自己的那份心灵的健康与释然。

两个秀才的梦

[情绪]

有两个秀才一起去赶考,路上他们遇到了一支出殡的队伍.看到那一口黑乎乎的棺材,其中一个秀才心里立即"咯噔"一下,凉了半截,心想:完了,真触霉头,赶考的日子居然碰到这个倒霉的棺材。心情一落千丈,走进考场,那口"黑乎乎的棺材"在脑海里一直挥之不去,结果文思枯竭,名落孙山。

另一个秀才也同时看到了这个棺材,一开始心里也"咯噔"了一下,但转念一想:棺材,棺材,噢,那不就是有"官"又有"财"吗?好,好兆头,看来今年我要红运当头了,一定高中。于是十分兴奋,情绪高涨,走进考场,文思如泉涌,果然一举高中。

【心理学启示】

人在社会中,难免会碰到不如意的事情,那么我们就要学会排解不良情绪,有以下几种方法。

1. 注意力转移法

哲学家威廉说过:我们不是因为快乐而唱歌,而是唱歌使我们快乐。

想要转移注意力的话，唱歌、购物、读书、聊天等都可以，要有意识地转移注意焦点。当你遇到挫折、感到苦闷、烦恼情绪处于低潮时，就暂时抛开跟前的麻烦，不要再去想引起你苦闷、烦恼的事，而是把注意力转移到较感兴趣的活动和话题中去。多回忆让自己感到幸福、愉快的事，以此来冲淡或忘却烦恼，从而把消极情绪转化为积极情绪。

转移注意力也可以自觉地转换环境，如外出散步、旅游参观点等。这样通过新的环境，来冲淡、缓解消极的心理情绪。开怀大笑也可以改善郁闷的心情，即使是强迫自己大笑也同样有效。

2. 合理发泄情绪

合理发泄情绪是指在适当的场合，采取适当的方法来排解心中的不良情绪。找人倾诉、快走或跳个有氧舞蹈之类的活动都可舒缓抑郁改善心情，打篮球、跑步、跟着音乐大声唱、用力摇摆等也是很好的转移方法。因为这些活动能刺激脑部分泌脑内啡，活化内耳球囊，连接与愉快感觉有关的脑部组织。

3. 有意识地自我控制情绪

在陷入消极情绪难以自拔时，应用理智有意识地去控制，如自我暗示。在参加一些紧张的活动如重要的考试或竞赛前，要在心里暗暗提醒自己，沉住气、别紧张，胜利一定是属于自己的。这样就能增强自信心，使情绪冷静，遏制冲动，避免不良情绪造成的后果。

4. 音乐疗法

心情烦闷的时候，听一听《光明行》《喜洋洋》《雨打芭蕉》《春天来了》《步步高》《喜相逢》，以及格什温的《蓝色狂想曲》、李斯特的《匈牙利狂想曲》、门德尔松的《第三交响曲》等音乐，可有效缓解抑郁情绪。

5. 鲜美食物可改变心情

水：每天应喝足够量的水，才不会因缺水而精神不振。

香蕉：含有镁，能化解紧张情绪，保持平稳的心态。

葡萄：缺乏维生素C、紧张、易怒、抑郁的人要多吃葡萄。

巧克力：富含碳水化合物的甜食一样具有镇定作用。

全麦面包：全麦面包能保证色氨酸进入大脑，帮助人产生愉悦的感觉。

牛肉：牛肉中的铁元素能使人祛除疲劳和抑郁。

辣椒："辣椒素"刺激神经末梢，产生热辣的感觉，同时大脑释放内啡肽，容易引起愉悦之感。

枚乘巧医太子

[自我心理治疗]

枚乘，字叔，西汉淮阴人。历来史学界因其直言上书劝阻吴王刘濞的作乱而视之为政治家，文学界因其创作文采飞扬的汉赋九篇（其中尤以《七发》为代作）而视之为文学家。但很少有人知道枚乘还是一位成功的心理咨询医师。他在《七发》中讲述的通过心理疏导治愈了体弱而又讳疾忌医的楚太子的疾病是临床心理上一个成功的范例。

楚太子因长期享受腐朽糜烂的内宫生活而卧床不起，枚乘去探访他，此时的太子得了病却不愿意治疗。然而枚乘毕竟了解太子得病的底细，于是也有了说服太子治病的方法，他直接指出太子得病的原因是："恋酒于享受，日夜无度，造成邪意侵袭在体内部结，于是神思恍惚，犹如酒醉，如长此下去则必命送黄泉。"

病情摸准方才能够予以治疗。然而枚乘知道对一个病程长又讳疾忌医的太子的治疗必须要建立在双方认同的基础上，不指出病的危害治不了病，一蹴而就也不现实。于是他逐渐引导，让太子自己了解疾病的危害，逐渐意识到治病的重要性，直至他完全配合大夫的治疗、听从大夫的劝告。

枚乘向太子指出了过度享受的危害，如出入乘车过度会导致腿脚麻痹不能行走；久居深宫不见阳光会导致寒气郁结；纵欲无度的性生活无异于消耗自己的生命；饮食过度无异于一次次灌下毒药。这入情入理的疏导使

太子不由得不信。

接着枚乘进一步树立了太子治病的信心："你的病无须任何药物，只要通过心理疏导便可治愈。"太子连忙让枚乘快说说治病的办法，此时的他终于表现出了治病的急切愿望。

双方的认同加上患者的企盼成了病愈的起点，于是枚乘把治病的办法一一道来。他劝太子走出深宫，拥抱大自然，听田间村夫的民歌，吃粗饭淡菜，多进行锻炼，陶冶情趣，这样所有的疾病都会一扫而光。太子渐听渐信，越听越觉得是这么回事。当枚乘欲奏圣贤之士的健身要言妙方时，太子已经从久卧的床上起来了，并且出了一身的汗，病也就痊愈了。

【心理学处方】

在运用心理学方法进行自我治疗时，应当注意下面几个问题：

①要对心理治疗充满信心。你可以先不去考虑其疗效究竟如何，但是要确信试试看总会有益无害，这样的自我暗示作用本身就是心理治疗。

②坚持"治疗"下去，持之以恒，不要因为很快就收到疗效而停止，也不要因为还看不出成效就中断。坚持可以使你磨炼意志，其本身也是心理治疗的一种手段。

③如果某个方法收效不大，或看不出什么显著的效果，那就不妨改用另一种方法，也可以几种方法交替运用或者同时使用。

此外，我们在对别人进行心理治疗时，要注意以下方面：

如果你扮演"医生"的角色对你的朋友、伙伴、亲人进行心理治疗时，想让对方对你产生信任感、亲切感和安全感，首先应该设法使他们增强治愈的信心和决心，对他们多加体贴和鼓励，治疗也应在相互思想沟通交流的气氛中进行。俗话说：心病还需心药医。对于心理疾病患者，除了适当用药之外，还要有针对性地做好他们的思想工作，帮助他们用自己的意志和理智去战胜疾病。无论是谈话，还是帮助他们采用一些具体的心理治疗方法时，从语言到表情，都要避免种种不良的暗示。既不能急躁、急于求成，也不要厌烦和灰心丧气，只有这样才能收到理想的治疗效果。

孟母三迁

[邻里效应]

孟子,名轲,战国时期邹国(今山东邹县)人。他主要活动于战国时期的梁惠王、齐宣王时代,是我国古代伟大的思想家、政治家和教育家,相传孟子是鲁国三桓孟孙氏的后代,曾受业于孔子嫡孙子思的门人。这种出身与影响对他思想的形成,有很重要的作用。

孟子本为贵族后裔,到他父亲那一代,家境已经衰落贫困。在孟子很小的时候,父亲就得病死了,他从小是由母亲一手抚养大的。孟母是一个有知识、有教养、很能干的女人,她为了抚养儿子,替人家洗衣服、纺线织布,省吃俭用,任劳任怨,一心想把孟子培养成人。

最开始,孟子家距墓地很近,他常和邻居的孩子们一起到墓地里去看热闹,也许是看得太多了,他也和小朋友们一起玩起给死人送葬一类的游戏来。孟母知道这些事以后,觉得这种地方不能让孩子来,对孩子的成长没有好处。于是第二天,孟母收拾好家里的东西就搬家了。

他们母子二人搬到一个闹市附近住了下来。这个市场人来车往,每天从早到晚叫卖声、吵嚷声不绝于耳。时间一长,孟子又学起那些小商贩的吆喝声来了。孟母觉得这种环境也不利于孩子成长,便再次搬家。这回,他们搬到一个学堂附近住了下来。那些来学堂读书的人个个斯文讲礼貌,见面时或作揖或鞠躬。日子长了,孟子就学着那些读书人的样子拿书来

读，和人见面时也模仿那些读书人行礼作揖，变得非常懂事有礼貌。孟母看在眼里，喜在心头，觉得这个地方对孟子的成长大有帮助，于是就一直住下了。

后来，孟子博览群书，勤奋苦读，最终成了名扬四方的学者和万古尊敬的圣人。

【心理学处方】

社会感染对处于邻近空间中的人群能起到一定的整合作用，人们相互之间靠感染达到情绪上的传递交流，包括行为和情绪的感染，使之逐渐一致起来，进而引起比较一致的行为。

但这并不是说，在邻近的人群里就一定能发生正常的社会感染，产生良好的"邻里效应"。个体的理智水平高低，是决定是否受到消极"社会感染"的重要因素。不过，我们也必须承认，即使在人类文明高度发展的今天，任何人仍然不能完全摆脱"情不自禁"受感染的现象。

对一个头脑冷静、自制力强的人来说，在自我控制与注意力有所分散、自我控制的意志有所放松时，也可能会发生感染。

所以，对隐藏在"邻里效应"背后的社会感染机制，我们应当采取辩证的态度，既要善于强化良性"邻里效应"，为自己与"邻里"双方扮演的社会角色服务，也要注意防止恶性"邻里效应"对自己和他人的影响。

拿什么拯救你，我的孩子

[网络成瘾]

一位母亲的求救：救救我的儿子吧！他21岁了，刚上大三，暑假期间，我让他去舅舅那里打工，他迷上了网络，整夜整夜地上网，以致白天工作没精神，他舅舅怎么说他都不起作用。有一次，为了躲开舅舅，他甚至步行10里地去另一个网吧上网，舅舅找到他后把他打了一顿。

我听说孩子迷恋上网后心急如焚，于是请假去孩子打工的地方，陪了他一个月。为了让他不上网或少上网，我说尽了一切好话，有一次还跪下来求他，让他不要因为网瘾毁了自己以后的前程。他答应我少上网，我在的时候他也做到了。但我一走，他又开始整夜整夜待在网吧里，他舅舅忍不住又打了他一次。

随后，他与舅舅不辞而别，回到学校里，再也不理会我们，打电话过去，他一听是我的声音就会立即把电话挂掉。他爸爸在电话里骂了他几次后，他连爸爸的电话也不接了，好像我们都成了他的敌人似的。

现在，听说他还在疯狂地上网，我都快绝望了，我该怎么办呢？

其实，除了上网，他还有很多问题。都上大三了，他还没什么朋友，也没有追过一次女孩，每天都是独来独往。再过两年，他就要进入社会了，这样子怎么能行呢？就这些问题我也想了很多办法，逼他去和同龄人交往，想办法给他创造机会与一些异性相处，但都没有让他有什么改变，

故事里的心理学

还是那么孤僻。

我该怎么办啊？救救我的儿子吧！

【心理学处方】

根据美国著名的心理学家马斯洛的需求层次理论，人们具有生理、安全、交友、自尊、自我实现等需要，这些需要由低到高，低一层次的需要满足后，就会有较高层次的需要待满足。绝大多数家长认为，为青少年们提供衣、食、住、行就足够了，忽视了青少年们还有着强烈的社会需要。患上网瘾的青少年，现实生活中难以满足其社会需要，但他们可以轻而易举地在虚拟世界里得到满足。虚拟世界的特性和青少年本身的性格问题成了青少年网络成瘾的主要原因。

1. 网络游戏的仿真性

虚拟世界可以逼真地模拟现实生活，使人们在心理上获得同样的满足感。而且，这种满足感还有着现实生活中所没有的种种优点。例如，在匿名的保护下，人们可以畅所欲言，不必承担任何后果，观点越是新、奇、特，得到的反响就越大、回应就越多，使得青少年们可以充分展现自我、实现自我。又如，网络自由平等的特性，为青少年们创造了"海阔凭鱼跃，天高任鸟飞"的新天地。再如，与现实世界相比较，这种满足是低成本的，仅仅需要支付一笔上网费。

2. 网络的交互性

一个人可以同时与很多人远隔重洋进行交流，尤其是平时比较内向、缺少关爱的青少年，现实生活中他们深感孤独和无聊，在网上却可以交到很多好朋友，毫无保留地说出自己的烦恼，充分满足了其交友需要和自尊需要。如果遇到困难，还会有很多人献计献策，让他们感受到在现实生活中体会不到的温暖。

3. 网络的实时性

网络世界中，人们可以在瞬间满足其社会需要，而在现实世界里，想要满足社会需要必须经历漫长的过程和耐心的等待。在游戏中，青少年们可以扮演各种角色，把握角色的命运，一夜之间就成为"盖世英雄"或"商界奇才"。很多青少年因为学习成绩不好，经常遭到家长的斥责、老师和同学的蔑视，因而上网打游戏，不断"练功升级"，成为他们找回自尊、实现人生价值的唯一途径。

4. 网络的可匿名性

网络可匿名性的好处之一是，可以起到自我保护的作用。一方面，在网上不需要向别人透露自己的真实姓名、年龄、身份，所以即使彼此谈得再投契，也不担心对方给自己带来伤害；另一方面，每个人在网上的资料或信息都可以随意填写或更改，可以给自己起名叫刘德华，也可以说自己身高有1米8，这些都给了青少年自我修饰的空间。也许生活中的自己不够完美，然而网上的自己可随意塑造。这些好处就使得网络交友成了一种流行。如果是一些本身平时就和周围的人存在沟通障碍的青少年，就更喜欢上网寻找"知己"了。在他们看来，这些不认识的人似乎更能理解他们。另外，可匿名性也使得网络成为青少年发泄的工具，网络可以让青少年不受时间、空间的限制，任意进出各个网站，满足了他们自由自在翱翔的心理需求。

【网瘾戒除方法】

1. 用替代方案满足孩子的心理需求

家长需要观察和沟通，了解孩子是哪方面没有得到满足，如父母的爱不够、学习挫败感、缺玩伴等，找到原因后，给予他们补偿。对于学习成

绩差、只有在网络游戏中才能得到成就感的孩子，家长在学习方面可以提出最低要求，如及格就好，让他较轻易就能够达到，然后给予鼓励，达到这一要求以后，再逐步提高标准；对于缺乏其他玩耍方式的孩子，家长要鼓励孩子多出去和同伴一起玩耍，或者增加和孩子待在一起的时间、邀请其他家庭的孩子到家中做客等；对于有逆反心理、故意和家长对着干的孩子，家长要优先改善亲子关系，然后再解决上网的问题。

2. 家人多关怀

网络强迫症患者陷入虚拟世界、脱离现实生活，实际上内心是十分孤独的。此时，周围人要给予亲情、友情和爱情的关怀，使他们感觉自己并非孤立存在，让他们自己主动从虚拟情感世界中走出来，在现实生活中找到属于自己的位置。

3. 发展新的爱好

孩子都喜欢学习新事物，现在社会上为青少年提供的兴趣班很多，如唱歌、跳舞、画画、讲故事、乐器、篆刻、武术等，家长们可以花点时间陪孩子转转，选择一个新的学习项目，培养一个新的爱好。

4. 音乐疗法

美国"弗里斯"网瘾音乐疗法是目前众多网瘾治疗方法中最安全有效和最健康科学的方法，也是最深层次的治疗方法。它的本质目的在于解除网瘾青少年心理的紧张急促，治愈被伤害的身心，起到镇静催眠、安抚心理、缓解紧张、消除抑郁、振奋精神、稳定情绪等作用。从根本上改善网络成瘾青少年的情绪波动和社会认知度，帮助他们走出网络成瘾，恢复正常的学习生活，树立健康良好的性格心理。

5. 父母的积极关注，及时有效的沟通

这个问题我们一直都在谈，青少年时期孩子是非常需要父母的关爱和关注的，一旦在现实层面没有得到满足，就会寻找其他方法，而网络游戏的出现，正好弥补了这些空缺。所以要想把孩子从虚拟层面中"拯救"回来，就要加强他对现实生活的吸引力。在这父母就要起到这个引导作用，耐心、及时地和孩子沟通，慢慢地他会感受到家庭的温暖和爱，也就不再沉迷网络游戏了。

中国有句古话，叫作"棍棒之下出孝子"。大多数中国式家长都是采用这样的教育方式，对于不听话的孩子就打一顿，自己是出气了，可是这样并不能真正教育到孩子。我们应该了解孩子为什么会有这样的行为，尝试着跟孩子去沟通，这样才能解决问题。

女人为何总爱买东西

[购物狂]

王女士是外企的公关,平时工作很忙,虽然收入不错,但是很少有可以自由支配的时间。一旦哪天不用工作,她就会抓紧时间去逛商场,将数千元的毛衣、皮鞋、外套提回家。虽然衣橱已塞得满满当当了,但她还是高兴,把这当作是对自己前一段辛苦劳作的犒赏。

刚工作不久的李女士尽管挣钱不多,但她有时也能把几千块钱在几个小时内花完,买回的东西有时是首饰和衣服,有时还可能花几百元买支口红送人。

张女士说当她和丈夫发生矛盾后,多数是花钱消气。和朋友说,又觉得大家都有压力,不愿把自己的不快带给朋友;和父母说,又不愿让他们担心;和丈夫说,急性子的她和慢性子的他是越讲越生气,一时半会儿根本讲不通,还会徒增更多的烦恼。如果用家里的东西来发泄,有些是爱情纪念品舍不得,而且最后的"战场"还得自己来打扫。说来说去也只有让自己的不满发泄到外界才能两全其美。于是,张女士生气时就会出去逛,平时想吃的甜点放肆地吃,平时想买的衣服放开地买,平时舍不得去玩的地方尽情地玩……总而言之,只要能让自己的情绪发泄出去,做什么都行,等到钱花得差不多了,她情绪也慢慢平息了。但事后,再看那些买来的东西,张女士有时也会心疼,当时怎么就下得了狠心呢?

【心理学处方】

一个人如果毫无节制地疯狂购物，就会由制造快乐变为制造痛苦。我们一定要走出购物狂的误区，在此，我们可以用改变购物模式的方法矫正狂热购物行为。

①交费时不刷卡，改用现金支付，或长期在银联卡里只留小数目的钱，这样就会有钱被掏出去的感觉。

②购物前先列清单，限定只能买清单上列出的物品，如果实在控制不住购物欲望，就把购买目标放在价格较低的小东西上。

③采用"改日再来"的延缓方针。在垂青某商品时，先不急于购买，而是暗示自己：改天再来吧。下次再来时，由于心情变化，购物欲可能会下降。

④狠狠杀价。独自一人上街，又有孤独感时，往往经不住卖家的劝说而掏了腰包。缓解的有效方法是：对可买不可买的商品狠狠地杀价，这势必会造成碰壁或讨价还价之局面，而且砍价可使人不再孤独。

⑤强化期待心理。对购物欲尽可能地发现它的不足与缺点，这样你就可以在期待更完美的物品的情绪中，缓解购物欲望。

⑥心中空虚、压抑、无聊时，最好的解决方法是去做些较激烈的体育运动，而不是去逛街购物。

女王？妻子？

[角色转换]

英国女王维多利亚是历史上有名的女王，但是她私下和丈夫阿尔伯特亲王相处时，也不免有一般家庭的争执场面。

有一次，他们夫妇又吵架了，丈夫阿尔伯特愤而回到卧室，并且关上了门。事后维多利亚女王想了想，知道是自己理亏，就在房间外敲门，打算向丈夫道歉。

"谁？"女王在敲门后，听到丈夫这样问道。

"英国女王！"

可是屋内没有任何回音。

"谁呀？"

"我是维多利亚。"

可是对方依旧没有开门。

最后，维多利亚又敲了敲门，然后温柔地说道："对不起亲爱的，开门好吗？我是你的妻子。"

这回房门从里面打开了。

女王？妻子？

【心理学处方】

前面的故事告诉我们，每个人在不同时刻、不同场合会扮演不同的角色。在家里，维多利亚女王就是妻子，她不再是女王。在社会中，每个人都要扮演好几种角色，如果弄错了场景，这些角色之间会发生冲突，能否处理好这些冲突，就在于我们社会角色扮演的成功与否。

每个人都要在社会中扮演属于自己的社会角色。当个人在所履行的两个或多个社会角色之间、角色与人格之间，有难以相容的感觉时，就发生了角色冲突。

消除角色冲突，可以采取如下几种具体方法。

1. 防止角色混同

不同角色的权利与义务是各不相同的，不能混为一谈，应当区别对待。如在与异性交往中，男性要把妻子、女朋友、女同事区别开来，同样的道理，女方也要对丈夫、男朋友、男同事区别对待。

2. 学会换位思考

考虑和处理问题时，要站在他人角色的立场，"将心比心""设身处地"地体验不同于自己的别的角色的需求、遭遇和感受。如丈夫站在妻子的角度、妻子站在丈夫的角度、下级站在领导的角度、领导站在下属的角度，这样自然就能消除角色冲突，促进人际关系的和谐。

3. 做好角色转换

我们在角色转换后，应当及时对所承担角色的权利与义务有明确的认识，对该角色应有的行为做出清晰的理解，以求顺应变化，尽早进入新角色，转换角色行为。有些人在单位时是领导，习惯于发布命令、指挥别人，但回到家里，履行作为丈夫和父亲的职责时，就不能一味地严肃。

朋友为何都离她而去

[急躁]

王梦是高中二年级的学生，最近一段时间，她总是得罪人，为此十分苦恼，于是王梦去咨询了心理医生，询问如何才不会得罪人，想要搞好人际关系。

其实王梦得罪人的原因是因为她没耐性，稍微有些不合意就急躁起来，弄得现在独来独往，她的心里也很不是滋味。

心理医生通过和王梦的聊天了解到，其实她小时候就很耐不住性子，要的东西必须马上就得到，否则就哭闹。上小学时，父母早晨都很忙，没时间给她梳头，她只好自己梳，由于行动匆忙，有时落下一缕头发没梳上去，她就着急地一把拽下来。王梦成绩挺好，有时给同学讲题，别人一两遍还不明白，她就烦了："怎么还不明白呢？不就是这样，这样吗？"结果惹得同学很不好受，再也不问她了。王梦也挺后悔，不该这样，但一着急就控制不住了。如果别人要她重复一下刚才讲过的一句话，她也不耐烦。

"我都说过了，谁叫你没听？"王梦做事也如此，不是把同学的杯子弄破了，就是把别人的东西弄丢了；骑车急匆匆地，有时忘了锁。跟同学争论问题出不了结果，她就发怒了："算了，我不和你吵，急死人了。"跟朋友一起走，如果朋友有点事，她就不耐烦："快点，这么磨蹭，烦死了。"就这样，朋友们一个个都离她而去，尽管她很热心，但谁也不愿请她帮忙。

【心理学处方】

克服过于急躁的毛病，我们不妨从以下几点做起。

1. 看到其危害

只有充分认识到某事的危害，才能自觉克服。在实际生活中，急躁的人常感情用事，易发脾气、出言不逊、不计后果，不顾人家的自尊心与个性特点，一味强求别人与自己保持统一，从而使人际关系难以和谐。有时好心也得不到好结果，给自己造成不愉快、烦躁的心理，影响身心健康。

2. 要形成冷静慎重，三思而行的习惯

我们要看到世界是复杂的，不可能都按个人的意愿行事，任何一件事都可能受到其他因素的制约，有时光靠"急"是解决不了问题的，反而易将事情弄糟。因此，要冷静地思考、慎重地决策，分析各种可能出现的情况，耐心处理。尽量避免一些偏差，提高效率。

3. 适时进行自我暗示，以消除或和淡化急躁心理

例如，当急躁情绪出现时，就自己提醒自己："要冷静点，着急能解决问题吗？心急只会把事情弄糟的，何必太心急呢？"你也可以请他人在发现自己有急躁情绪又没意识到时，及时提醒一下，从而帮助自己恢复冷静，以避免急躁心理。

巧妙的反击

[幽默]

美国前总统林肯被人称为幽默大师。

有一天,林肯正要上床休息,有人打电话来,"税务主任刚刚去世,能否让我来接替税务主任的职务?"他当即回答说:"如果殡仪馆同意的话,我个人不反对。"巧妙地拒绝了对方。

林肯还有一次在演讲时,有人递给他一张纸条,上面只写了两个字:"笨蛋。"他举着这张纸条镇静地说:"本总统收到过许多匿名信,全都是只有正文,不见署名,而刚才那位先生正好相反,他只署上了自己的名字,而忘了写内容。"

【心理学处方】

幽默在日常的交往中有着重要的作用,所以我们要培养自己的幽默感。

①学会观察有趣的人,并且尝试去模仿。明星中就有很多幽默的人,我们不妨以他们为参考,从而让自己慢慢变得幽默,多说、多学,你总归会改变的。

②学会记录自己独特有趣的事情,积少成多,这样才可以更加信手拈

来，更加的随意。这个方法是根据我们自身的优势，发扬自己的长处，从这个方面来培养自己的幽默。

③多社交、多表达、多看可以增加阅历。其实想要变得更加幽默，还是需要在实践中来改变，多去交流，多看看相关的书籍或者接触具有幽默感的人，相信你不会还是和从前一样。

④心态上做出调整。我们要明白，幽默不是搞笑，而是细细品味一番之后的会心一笑，这样的笑不是嘲笑。我们可以允许出糗和冷场，但是情绪一定要把控住。

⑤提高说话技巧。这些都是想要变得更加幽默的必备条件，我们可以通过他人的讲话来总结话中的技巧，自己慢慢地去琢磨、练习，这样来总结出一套属于自己的说话技巧。

人们为何会"对着干"

[逆反心理]

杨江是某学校的高一新生,最近他与老师的矛盾有些激化。初三时杨江花了很多时间在学习上,结果考得不错,进了重点高中。他因为刚上高一,想稍微休息、放松一下,所以目前成绩有些退步。杨江觉得老师对他一直存有偏见,并认为与他当前的成绩不无关系。

杨江自认为是一个比较直爽的人,如果觉得谁说得不对或者没道理就会提意见,否则憋在心里很难受。一次课上,老师让他们背诵历史年表,他就想:这些东西一查书就知道了,把它们全部背下来,不是很傻吗?杨江表达了自己的想法,老师坚持说他在故意捣乱,老师越是这样说,杨江就越要跟老师争辩一下,何况他认为同学们也很支持他。班主任没少跟他谈话,几乎天天要他在老师的办公室里待上一段时间……

回到家后,父亲把杨江叫到跟前,狠狠地教训了他一顿,说是老师向他反映了情况。杨江一听就火了:"爸爸,你咋那么多事儿啊?""你别管这事了,我并不是老师所说的那样,他只是看我不顺眼,故意找我的碴儿。"……

【心理学处方】

要消除逆反心理造成的负面效应,我们要做到以下几点。

1. 要重视复杂的社会因素对青少年心理的影响

青少年的心理活动,会受到社会经济制度变革、文化、道德、法律等意识形态发展和善恶、美丑、是非、荣辱等观念更新等方面的影响。所以,要克服逆反心理,不能把青少年局限在学校这个小天地里,而要让他们置身社会,把对他们的思想情操等各方面的培养同社会政治生活、经济文化活动及社会道德风尚联系起来,以提高他们心理上的适应能力,使他们更好地适应社会,不致迷失方向。

2. 学会合理的沟通方法

俗话说"有理走遍天下"、是金子总会发光,不能得理不饶人。过分逞强,盲目对抗,这只能使事情变得越来越难处理。合理的沟通方式有助于带来交往中的双赢,可以尝试更合理的方式,如单独与其聊一聊,写一封短信表达你的意见等。

3. 克服偏见的不良影响

先入为主的印象一旦产生,方方面面都要受到暗示和影响。如果发现自己经常有无名火气,就要冷静下来想想,是否是偏见在作怪,不要无端地变成偏见的牺牲品。

4. 学会克制

为了不伤害自己和自己最亲近的人,就要调适逆反心理,在情绪冲动时,要努力克制自己,等到情绪平复了再去解决问题。

故事里的心理学

5. 换位思考

要学会换位思考，多角度考虑问题。

6. 相互理解

学着从积极的意义上去理解别人的行为，大多数时候别人的批评都是善意的，都是出于对你的关心。每个人都会有认识不全面、犯错误、误解人的情况发生，只要抱着宽容的态度去理解他们，就可以减少因为逆反心理产生的冲动。

人生为何如此黑暗

[空虚]

朱明性格内向，平时不爱跟同学说话，有什么事总是憋在心里。他在日记中写了这样一段话：

"刚读高中的时候，我还没有什么忧愁，可从高一下学期开始，无论何时何地我总会感到一阵阵烦躁，烦躁的原因有来自生活上的，也有来自学习上的。

在学习上我一直是中上水平，可后来不知怎么搞的，大概是几次考试失利的缘故吧，我感到学习特没劲，成绩也落后了，班主任找我谈了几次，我也没什么变化，对什么都无所谓了。想来想去，觉得生活没意思，真的没意思。同学们都在那里学习，可学习好了又有什么用呢，究竟为了什么呢？成绩再好也免不了生老病死。学校有时也搞一些活动，但内容几乎和小学生一样，各种各样的评奖只不过是些幼稚的活动，我真的觉得很无聊。家里，爸爸每天出入花鸟市场，炒股票、打麻将，对我的学习一点儿也不关心，妈妈除了做家务，只会每天盯着我唠唠叨叨说个不停，一会儿说我头发长了，一会儿又数落我东西没放整齐……事无巨细，她都要唠叨一番，我都替她累。有时夜深，独自坐在书桌前，望着一大堆功课，我会想很多：活着真没劲，就这样一天天混下去也不知有什么结果，真想离开这个灰暗的人生……"

【心理学处方】

空虚是一种不良心理,有碍于人格的健全发展,我们要防止这种心理。

现实生活中,摆脱空虚感可以采用以下 5 种方法。

1. 调整需求目标

空虚心态往往是在两种情况下出现的:一是胸无大志;二是目标不切实际,使自己因难以实现目标而失去动力。因此,摆脱空虚感必须根据自己的实际情况,及时调整生活目标、从而调动自己的潜力,充实生活内容。

2. 多与人交往、获得别人的支持

当一个人失意或徘徊时特别需要有人给予力量和支持,给以同情和理解。只有获得别人的支持,才不会感到空虚和寂寞。

3. 博览群书

读书是填补空虚的良方。读书能使人找到解决问题的钥匙,使人从寂寞与空虚中解脱出来。读书越多、知识越丰富,生活也就越充实。

4. 忘我地工作

劳动是摆脱空虚极好的措施。当一个人集中精力、全身心投入工作时就会忘却空虚带来的痛苦与烦恼,并从工作中看到自身的社会价值,使人生充满希望。

5. 目标转移

当某一种目标受到阻碍难以实现时,不妨进行目标转移,如在学习或工作以外培养自己的业余爱好（绘画、书法、打球等），使心情平静下来。当一个人有了新的乐趣之后，就会产生新的追求，有了新的追求就会逐渐完成生活内容的调整，并从空虚状态中解脱出来，迎接丰富多彩的新生活。

上帝的救赎

[偏执]

从前,村庄里有一位对上帝非常虔诚的牧师,40年来,他照管着教区所有的人,施行洗礼,举办葬礼、婚礼,抚慰患者和孤寡老人,是一个圣人的典范。有一天,突然下起倾盆大雨,连续下了20天,水位高涨,迫使老牧师爬上了教堂的屋顶。正当他在那里浑身颤抖时,突然有个人划船过来,对他说道:"神父,快上来,我把你带到高地。"

牧师看了看他,回答道:"我一直按照上帝的旨意做事,我真诚地相信上帝,因为我是上帝的仆人,因此你可以驾船离开,我将停留在这里,上帝会救我的。"

那人划着船离去了。两天之后,水位涨得更高,老牧师紧紧地抱着教堂的塔顶,水在他的周围打着旋涡。这时,一架直升机来了,飞行员对他喊道:"神父,快点,我放下吊架,你把吊带在身上系好,我们将把你带到安全地带。"对此老牧师回答道:"不,不。"他又一次讲述了他一生的工作和他对上帝的信仰。这样,直升机也离去了,几个小时之后,老牧师被水冲走,淹死了。

因为生前他是一个好人,所以死后直接升入天堂。他对自己最后的遭遇颇为生气,来到天堂时,情绪很不好。他气冲冲地在天堂里走着,突然间碰到了上帝,上帝说道:"神父,欢迎你!"老神父凝视着上帝,说:

"40年来，我遵照你的旨意做事，有过之而无不及，可当我最需要你的时候，你却让我被淹死了。"

上帝微笑着说："哦，神父，请原谅，我确信我给你派去了一条船和一架直升机，是你的偏执害了你。"

【心理学处方】

1. 偏执是一种不良的性格

偏执主要有三个方面的特点：①过于自尊和自负，常常固执己见，独断专行，喜欢挑别人的"刺"，对人苛刻不宽容，总是抱怨和指责他人，经常和人发生争吵、争辩。②过分敏感，多疑又多心，常将他人无意的、非恶意的甚至友好的行为误解为敌意或歧视，或无足够根据，怀疑会被人利用或伤害，因此过分警惕与防卫。③容易激动，喜欢钻牛角尖，看问题偏激。由于认知的片面性，平时难以感知和反映事物的真实性，所以一受到别人的反驳就激动不已，指责别人，甚至对人采取报复行动。

2. 偏执性格的形成与危害性

偏执性格的形成一方面与自身的气质类型有关，同时也与后天的环境、教育、生活习惯有关。性格偏执的人，多生活在感情消极、彼此仇视、嫉妒的家庭环境里。儿童得不到家长的爱，故用绝对的观点观察、思考问题，情感极端，总喜欢否定别人的意见，潜意识地学得控制压制别人。

性格偏执的人不能正确、客观地分析形势，有问题易从个人情感出发，主观片面性大；如果建立家庭，常容易怀疑自己的配偶不忠等。持这种人格的人在家不能和睦，在外不能与朋友、同事相处融洽，别人只好对他敬而远之。所以，克服偏执的不良性格是非常必要的一件事情，性格偏执的人可以在心理医生的指导下，进行较长时间的系统的行为矫正训练。

3. 改善偏执性格

①要有勇气正视自己性格中的弱点；发现自己有偏执倾向的人，要认真反省自己，是否自尊心过强，是否轻易地批评别人或否定别人的意见，是否对别人都加以戒备和猜疑，是否对人冷漠。如果确实如此，应需加强自我修养，正视自己的偏执性格及其危害，下决心克服和矫正。

②谦虚谨慎，灵活通达；偏执的人往往想法片面，对人无信任感可言。

③善于自我调节。克服偏激急躁的毛病，还要善于自我调节不良的情绪。不良情绪会酿成大错。调节情绪，保持良好的心境的方法是：培养乐观向上的精神，不要为眼前的成绩得意忘形，更不要因小事而伤肝动怒；通过自我暗示法提醒自己在遇到强烈刺激"沉不住气"的时候，要"耐心""别慌""冷静"，要有"猝然临之而不惊，无故加之而不怒"的大家风度；让家人和朋友在自己偏激急躁时，及时提醒开导，也是一种有效的方法。

生死边缘的徘徊

[抑郁]

田园出生在一个偏僻的小山村，父母都没什么文化。她自小勤奋好学，家中对她寄予的希望很大，她也想依靠自身的努力使父母生活得更好一些，因此，田园自小就埋头苦读，从小学到大学，她的学习成绩都很好。但由于一心读书，田园很少交朋友，更没有什么知心朋友，于是她常常感到孤单寂寞。尤其是参加工作后，田园在机关上班，工资较低，无法接济父母，她常常自责。

另外，田园很难与人相处，总是一人独来独往，心中也很想与人交往，但又不敢，也不知道怎样去结交朋友。四年前经人介绍，她和某同事结婚，但两人感情基础不好，常为一些小事吵架。因此，近两年来她有一种难以言状的苦闷与抑郁感，但又说不出什么原因，总是感到前途渺茫，一切都不顺心，老是想哭，但又哭不出来，即使是遇有喜事，田园也毫无喜悦的心情。过去她很有兴趣去看电影、听音乐，但后来就感到索然无味，工作上亦无心振作起来。田园深知长期忧郁愁苦会伤害身体，但又苦于无法解脱，并逐渐导致睡眠不好、多梦及没胃口。有时她感到很悲观，甚至想一死了之，但对人生又有留恋，觉得死了不值得，因而下不了决心。

故事里的心理学

【心理学处方】

抑郁是人类第一号心理杀手,我们要摆脱它的束缚,具体方法如下。

①为自己制定简单的任务。即使觉得没有兴趣和缺乏动机,每天也要完成一些简单的任务,如打个电话或者是写封信。虽然你可能觉得这样做很难,但是请把它看作是良好感觉的一个开端。

②把自己的活动写到日记中。每天结束后,把自己一天所做的事情记录下来。按照这些活动带给你的快乐程度把它们排列出来,并且有意识地计划做更多自己喜欢的事情。

③克服消极思想。把自己的消极思想记下来,如"我是个失败者"或者是"没有人喜欢我"。认识这些反常思想,并理智地克服它们。

④与他人交谈。信任自己的密友和家人,把自己的感受告诉他们,保持沟通。

⑤进行更多的运动。有意识地多做一些身体方面的运动,哪怕只是散步或者是游泳之类的运动,因为在锻炼的过程中,人体内会产生自然的抗抑郁激素。养花、种草和阅读一类的活动也有助于分散你的消极思想。

⑥检验自己的目标。不要去想自己的生活应该往哪个方向走,应该考虑你是否在做自己真正想做或者是倾向于去做的事情。

失去自由的日子里

［感觉剥夺］

1954年，美国科学家做了一项名为"感觉剥夺"的实验。实验者以每天20美元的报酬（在当时是很高的金额）雇用了一批学生作为被试者。

实验内容是这样的：实验者将学生们关在有隔音装置的小房间里，让他们戴上半透明的保护镜以尽量减少视觉刺激。接着，又让他们戴上木棉手套，并在其袖口处套了一个长长的圆筒。为了限制各种触觉刺激，又在其头部垫上了一个气泡胶枕。除了进餐和排泄的时间以外，实验者要求学生们24小时都躺在床上。可以说，这样就营造出了一个所有感觉都被剥夺了的状态。

结果，尽管报酬很高，却几乎没有人能在这项实验中忍耐3天以上。最初的8个小时好歹还能撑住，8小时之后，学生们就开始吹口哨或者自言自语，有点烦躁不安了。在这种状态下，即使实验结束后让他们去做一些简单的事情，他们也会频频出错，精神也集中不起来了。

实验持续数日后，人会产生一些幻觉。例如，看见大队花栗鼠行进的情景，或者听到有音乐传来等。到第4天时，学生们出现了双手发抖、不能笔直走路、应答速度迟缓、对疼痛微感等症状。实验后，学生们得需要3天以上的时间才能恢复到正常的状态。

故事里的心理学

【心理学处方】

感觉的存在给人们带来了愉快的享受,也带来了痛苦的烦恼。我们的生活就处在愉快的感觉和痛苦的经验之间。人一旦失去感觉,后果将不堪设想。如果一个人丧失了全部感觉能力,也就不可能产生认识,更不可能产生情感与意志。由上述的实验可以看出,丰富的感觉刺激对维持我们正常的心理状态是必需的。

我们所处的世界丰富多彩,而人的正常生活和有效发展必然需要建立在尽可能多的和外界接触的基础上,需要对外界的刺激有足够的心理准备。

古人云:读万卷书,行万里路。我们应该积极地去接触社会、接触人生,尽情体验生活中的各种滋味,只有这样才能拥有一个丰富多彩的人生及健全的心灵。

如果曾经体验过酸甜苦辣的人生百味,如果有机会领略各地不同的风土人情,如果拥有丰富的知识、广阔的见闻和丰富的情感,那么你对社会与人生的体验就越深,越能有效地把握自己,泛好自己的命运之舟。

17 岁的百万富翁

[自立]

有这样一个美国小男孩,父母在生活上对他要求很严,平时很少给他零花钱。在他 8 岁的时候,有一天想去看电影,却身无分文。是向爸妈要钱还是自己挣钱?他第一次开始思考这样的问题。最后,他选择了后者。他自己调制了一种汽水,把它放在街边,向过路的行人出售。可那时正是寒冷的冬天,没有人购买,最后只等到两个顾客——他的爸爸和妈妈。

他偶然得到了和一个成功商人谈话的机会,当他对商人讲述了自己的"破产史"后,商人给了他两个重要的建议:第一,尝试为别人解决一个难题,那么你就能赚到许多钱;第二,把精力集中在你知道的、你会的和你拥有的东西上。

这两个建议很关键。因为对于一个 8 岁的男孩而言,他不会做的事情还很多。于是他穿过大街小巷,不停地思考:人们会有什么难题?如何为他们解决难题?

这其实很不容易。好点子似乎都躲起来了,他什么办法都想不出来。但是有一天,父亲无意中激发了他的灵感火花。

一天,吃早饭时,父亲让他去取报纸——美国的送报员总是把报纸从花园篱笆中一个特制的管子里塞进来。假如你正穿着睡衣,一边舒服地吃早饭,一边悠闲地看报纸,这时就必须离开温暖的房间到房子的入口处去

故事里的心理学

取报,即使在天气不好的时候也必须如此。虽然有时候只需要走二三十步路,但也是非常麻烦的事情。

当他为父亲取回报纸的时候,一个主意诞生了。当天他就挨个按响邻居的门铃,对他们说:每个月只需付给他1美元,他就每天早晨把报纸塞到他们的房门下面。大多数人都同意了,这个小男孩很快就有了70多个顾客。当他在一个月后第一次赚到一大笔钱的时候,高兴地简直像飞上了天。

高兴的同时他并没有满足现状,同时还在寻找新的赚钱机会。经过一段时间的思考,他决定让他的顾客每天把垃圾袋放在门前,然后由他早晨送报时顺便运到垃圾桶里——每个月另加1美元。他的客户们很赞赏这个点子,于是他的月收入增加了一倍。后来他还为别人喂宠物、看房子、给植物浇水,月收入也随之直线上升。

9岁时,他开始学习使用父亲的电脑。他学着写广告,而且开始把小孩子能够挣钱的方法全部写下来。因为他不断有新的主意,有了新主意就马上实施,所以很快他就有了丰厚的积蓄。他母亲帮他记账,好让他知道什么时候该向谁收钱。

随着业务的扩大,他必须雇用别的孩子为他帮忙,然后把收入的一半付给他们。如此一来,钱便潮水般涌进了他的腰包。

一个出版商注意到了他,并说服他写了一本书,书名叫《儿童挣钱的250个主意》。因此,他在12岁的时候,就成了一名畅销书作家。

后来电视台发现了他,邀请他参加许多儿童谈话节目。他在电视里表现得非常自然,受到许多观众的喜爱。到15岁的时候,他有了自己的谈话节目,通过放电视节目和电视广告,他已经发展到日进斗金的程度。

当他17岁的时候,他成了百万富翁。

【心理学处方】

每个人都是独立的个体,虽然小的时候,有我们的父母给我们护航,但是长大以后,我们必须学会独立面对各种事情。

1. 尝试去独立

作为一个成年人,一定要学会自己去争取那些你想要的东西,一定要放弃依靠他人的想法。只有依靠自己才会胜利,因为自立、独立是打开成功的钥匙。

2. 欣赏自己

作为独立的个体,你要想自立,就应该懂得欣赏自己,给自己一点信心,这样才有勇气去尝试,有勇气逐渐摆脱对他人的依赖。

3. 激发自己的潜力

虽然说人的依赖性很强,但人也不能失去独立解决问题的能力,很多能力都是在迫不得已的情况下才激发出来的,年轻人有无限的潜力,激发这种能力的钥匙就是不再依赖。

4. 不要总是围着孩子转

美国人很爱孩子,但不会总是抱着、盯着孩子。六七个月的孩子就自己抱着瓶子喝水、喝奶,大一点就自己学用刀叉吃饭。孩子常常把食物撒在桌上、地上,但父母决不喂,总是让孩子自己吃。孩子做游戏也是自己一个人做或跟小朋友一块儿做。父母外出旅游,就把很小的孩子交给祖父母或花钱寄放别人家,请人带几天。家里办晚会或去参加别人的宴会,也不会看到家长总牵着自己的孩子。

食物的诱惑

[贪食症]

晓丽是一名大学生,最近她出现了暴饮暴食而不能自制的怪毛病。晓丽每天都要去商店买一大袋子零食,无论在寝室、教室还是路途中,都吃个不停、嚼个不停。一走进食堂就更无法遏制食欲,只要食堂卖的食品她都要吃一遍,吃了饺子想吃包子,吃了包子想吃烙饼,看到小点心又想吃小点心,非要吃到胃被撑得难受才算罢休。如果想吃的东西没吃,就会没心思上课或上自习,甚至晚上连觉都睡不好。

由于不断地暴食,晓丽身体明显发胖,变得越来越臃肿,她苦恼不已,一再发誓再也不滥吃零食了。但一走进商店、食堂,晓丽却又无法控制自己,尤其是心情不好就吃得更凶。吃多了消化系统负担很重,所以她老是昏昏欲睡,上课打不起精神,晚上不想上自习,早早就睡觉了,学习成绩直线下降。为此,晓丽内心十分痛苦,几乎对自己失去信心,苦闷之中,对生活也多了一些失望。

其实晓丽的病因来自于幼年。她很小就被寄养在奶奶家,奶奶同叔叔婶婶住在一起,家里还有一个比她小的堂妹,她与堂妹一起睡、一起玩耍。随着年龄的增长,晓丽渐渐发现周围的人都特别喜欢堂妹,人们总是夸奖堂妹长得漂亮、惹人喜爱,有好吃的、好玩的东西都愿意送给堂妹,常常把她冷落在一边。

晓丽的父母每隔一段时间到奶奶家看她一次，每次来都给堂妹带漂亮的衣服或其他礼物。堂妹虽然年纪比晓丽小，个子却比她高，因此她常常是捡堂妹穿剩下的衣服来穿。这一切深深地刺伤了她幼小的心灵，她恨堂妹，恨周围的人，更恨自己的父母，认为连自己的父母都嫌她长得丑而不喜欢她，不给她买漂亮衣服和玩具，让她穿堂妹穿过的衣服，进而又恨父母为什么将她生得这么丑。

从那时起，晓丽就产生了一种报复心理，也是对幼时被人歧视的一种补偿，所以她现在用无节制地进食来排解内心的苦闷。

【心理学处方】

暴食症者可以用以下方法克服自己的不良行为。

1. 停止自责

对一部分人来说，这不是仅凭一己之力就可以做到的，这不是你的错，你只是生了场病。

2. 停止对身体的执念

我知道这很难，但事实是，即使你变瘦，你不健康的生活态度也会将你拖入另外一个深渊，认可自己很重要。

3. 停止洁净饮食

我想你已经见识过洁净饮食后那些疯狂的日子。（注："洁净饮食"是一种标榜时尚的生活方式，与21世纪以来流行的"素食""无糖""无麸"等关键词相关。健康专家指出，洁净饮食是非常有害的，人是杂食性动物，如果只吃限定的几种植物，必定会造成严重的营养不良。）

4. 按时按量进食

采用"三餐加一"的模式进食，有胃病的人需要配合胃药。建议每天

清晨给自己列出大致的饮食清单，不需要很复杂，这只是为了让你减少接下来每餐在食物面前的犹豫。同时晚上对照一下，如果当天没有做到饮食有度，请平静下来问问自己，你到底为何进食？（注："三餐加一"指在正常三餐时每餐增加一种对健康有利的食物，如水果、酸奶等。）

5. 区分出自己的敏感食物

不建议一开始复食就肆无忌惮，因为这有可能引发更多的疯狂，有些食物我们一旦开始吃就不会停止，所以请区分出它们，对有些人来说，过甜过咸过硬过凉过油的食物都是。

6. 认清敏感时间和行为

这个比食物更重要，因为对某些人来说，食物不一定会时时触发他们的开关，但事件和行为可能会，如夜间进食，在愤怒、劳累这些情况下就会极其危险。

7. 撤回自我掌控

这点与第二点相似，不同的是，这里更希望大家着重留意心里那些"哎呀我就吃一小口""就今天疯狂一次"的想法。

记住，这些大都是贪食症发出的声音，而实际上你的身体可能需要的是陪伴，是睡眠，是一杯水，而不是这些令人发疯的食物。将执行权交予身体，去执行真实的身体所需。

8. 区别身体需要和贪食症需要

你过去的饮食习惯已经让贪食症的声音覆盖住了自己的意识，这样疯狂的声音往往会即刻出现，同时伴随着偏执的狂热，而身体的声音往往是当下你无法意识到，随着情绪慢慢冷静下来才会被听到的声音。

9. 你的康复周期就只是今天

请不要纠结过去和未来，这些都是老天安排的，你能做的只在今天，所以每每当你坚持不下来的时候，请告诉自己，今天过去就好，这样的想法会减少你对未来的不定感。

10. 学会求救和分享

贪食症的执念是人类孤立无援的意志力所不能做到的，其包含生理、心理和灵性三方面，充满细节。贪食症起源于心理，扎根于生理，然后逐渐蔓延至人的全部灵魂。所以要随时联系父母、朋友，转移对食物的注意力，时刻牢记自己不是一个人，这也并非是只靠一个人就可以解决的。

史密斯为什么被晋升

[自制]

史密斯在工作中表现不错,业绩也很突出,因此很有希望被升为部门经理。他有一个竞争对手安德森,是公司的老员工,个性很强,总是争强好胜,对这个位置也志在必得,因此两人都更加积极地表现自己。

史密斯在工作上积极努力,尽管他有得到这个位置的欲望,但是却把它牢牢地控制在心中,对工作积极投入,对同事热情友好,并没有因为他有希望当上部门经理而疏远别人,更没表现出和安德森一决高低的态度,一切和往常一样。可是安德森不同,在工作中,他会想象当上部门经理的快乐,每当有同事夸奖史密斯时,他就很恼火,竭力反驳同事的观点。尽管没有直说,但安德森的心思众人皆知。有时他还对同事耀武扬威,俨然一副部门经理的模样,盛气凌人,不可一世。

一次,安德森和史密斯聊天时说:"史密斯,你说这个部门经理应该是谁当?"

史密斯说:"这是上头的事,我不知道。"

安德森说:"那你认为在公司里,谁最有希望?"

史密斯明白他的心思,知道他这是在炫耀自己,于是对他说:"当然是你了,你是公司的老员工,又没犯什么错误,还有许多优点,我想应该是你最有希望。"

安德森听了十分喜悦，便对史密斯说："如果我升职了，一定请你吃饭。"

史密斯很明白，他这是在嘲讽自己，可史密斯并没有反驳，只是说："那好，我随叫随到。"

过了几天，上头下了指示，提升史密斯为部门经理。安德森听到这个消息，当即愣在了自己的座位上。

【心理学处方】

自制力的培养可以从以下几点着手。

1. 明确人生目标

明确了一生朝哪个方向走，决心成为一个什么样的人，就能够控制自己，使言行服从和服务于自己的人生目标。而排斥同目标相对立的各种诱惑的自制力的动力源泉之一，就是从根本和长远利益上去考虑问题。一个意志力顽强的人，应当不为表面的、暂时的利益所诱惑，而是牢记自己的根本利益和长远目标，这样就会获得一种控制自己行为和情绪的能力。

2. 坚持执行计划

培养自制力还必须坚持完成既定的计划安排，当然，为保证计划的可行性，在做出决定时要三思而后行。一旦在深思熟虑的基础上做出计划，就要坚定不移地付诸实施，不能轻易改变和放弃。如果半途而废，就会严重地削弱自制力。

3. 决不迁就自己

一旦意识到某件事或行为是不对的，不管它是多么强烈地诱惑着我们，对我们有多大的吸引力，都要坚决克制，决不作半点让步和迁就。培养自制力，要有毫不含糊的坚定信念和顽强的意志。

4. 从小事做起

人的自制力是在学习、工作、生活中的千千万万件小事中培养和锻炼起来的。

士兵的反常行为

[应激反应]

有一次,拿破仑骑着马正穿越一片树林,忽然听到一阵呼救声。他扬鞭策马,来到湖边,看见一个士兵在湖里拼命挣扎,并向深水中漂去。岸边的几个士兵乱成了一团,因为水性都不好,不知该怎么办。

拿破仑问旁边的那几个士兵:"他会游泳吗?""只能扑腾几下!"拿破仑立刻从侍卫手中拿过一支枪,朝落水的士兵大喊:"赶紧给我游回来,不然我毙了你。"说完,朝那人的前方开了两枪。

落水人听出是拿破仑的声音,又听说拿破仑要枪毙他,一下子使出浑身的力气,猛地转身,扑通扑通地游了回来。

【心理学处方】

不会游泳的士兵突然发生戏剧性转变,是因为拿破仑"不游回来就毙了你"的强刺激,使他产生"应激反应",才使出浑身力量,自救成功。

无论是动物或人类,在遇到突如其来的危险情境时,身体都会自动发出一种类似"总动员"的反应现象。这种本能性的生理反应,可使个体立即进入应激状态,以维护其生命的安全,被称为应激反应。应激反应由个体行为表现于外时可能有两种形式:一是向对象攻击;二是逃离现场。所

以也称这种反应为攻击或逃离反应。

生活时刻在变化,没有变化的生活是枯燥乏味的。一定的变化可以激励人们投入到新的行动中,磨炼人的斗志,提高社会适应能力,因此是有利于维护人们心理平衡的。但生活中的变化如果过多、过快、过大、过于突然,或者持续时间过长,就会超过人们心理、生理上所能承受的限度,形成有害的应激。因为应激的生理机制是:大脑皮层接受刺激后,促使肾上腺皮质激素分泌,如果应激过强,身体就处于充分动员的状态,而这种状态时间长了,会使生物化学保护机制受到破坏,使抵抗力降低、更容易受到疾病的侵袭。

而从心理上讲,当个体对紧张体验不能解除时,就达到了"过度应激"的层面,它会影响正常心理活动的进行。因为当外界刺激唤醒大脑皮层,使之维持一定的觉醒水平时,会有助于心理活动的进行,但是如果过度,会使之产生焦虑的反应。这种情况下,自控力会减弱,心理活动能力也会降低对客观事物的感知变得不充分、判断不准确,逻辑推理能力也会下降。

所以,要想表现出最好的状态,就需要处于适度的应激状态中。

此外,人应该了解自己的极限,对自己的挑战应该适可而止。即使我们想突破自己的极限,也应该一步一步来。因为盲目突破极限会给自己带来很大的压力,容易身心失调、损害健康,最后很可能欲速则不达,结果适得其反。

谁不爱柳腰身

[厌食症]

任含今年15岁，身高158厘米，体重却只有35公斤，让人一看就想起包身工芦柴棒，也像埃及的一具木乃伊。她坐在沙发上，蜷缩成一团，像病猫一样动都不能动。连医生都感慨："一个小女孩变成这样，太可惜了……"

任含是南京某中学初三的学生，刚过15岁生日，她就患上了严重的神经性厌食症，现在几乎什么都吃不下，仅能喝一点点鱼汤。这个15岁的姑娘因为神经性厌食症影响到身体发育，导致内分泌紊乱，直到现在还没有来月经。任含将这一切归罪于两个原因：对病态瘦的过度追求和对父母的报复。"小的时候，我在乡下长大，那时候蛮快乐的。后来进城，乡下口音令我和同学格格不入，那时我的体形也偏胖，同学们都嘲笑我，我就想我一定要瘦下去。"有的时候，任含就不吃饭，考试没考好，任含也罚自己不吃饭，她觉得这样做正好一举两得。任含的父母工作很忙，没有发现女儿的异常，到最后，不吃饭成了任含的法宝。被父母发现时，任含的神经性厌食症已经非常严重——她什么都吃不下了。去医院治疗，医院只能通过输营养液来补充其体能。任含的妈妈含着泪说："她很好强，走到这一步也怪我们对她关心不够，但我们也不是不关心她呀，现在的孩子真不知道该怎么办啊！"

【心理学处方】

第一,手术治疗。主要针对的是难治性精神病患者,通俗地讲就是药物、电休克、心理等内科方法治疗效果不佳的患者。还有一种情况是由于服药后副作用过于严重,患者无法忍受。另外,有的患者的服药依从性非常差,不愿意服药,无法保证药物治疗的系统性。

第二,西药治疗。为纠正水电解质的平衡,常采用口服、静点并用的方式补充血钾、钠、氯,并进行监测。在促进患者进食恢复期间,可合并助消化药或针灸治疗,也可用小量胰岛素促进食欲及消化功能恢复。

第三,精神治疗。病因学中认为该病可能与抑郁症有关,可采用抗抑郁药物治疗。安定类药物也常用来调整患者的焦虑情绪。这两类药物对改善患者的抑郁焦虑情绪有一定的作用。

第四,行为矫正。主要是促进患者体重恢复,可采用限制患者的活动范围及活动量的方法,随着体重的增加,逐步奖励性地给予活动自由,这种方式一般在患者体重极低时才采用。

特殊的寻找者

[完美主义]

城市里来了一个老人。这老人一看便知是来自远地的旅人，他背着一个破旧不堪的包袱，脸上布满了风霜，鞋子因为长期行走破了好几个洞。

老人的外表虽然狼狈，却有着一双炯炯有神的眼睛，不论是行走或躺卧，他总是仔细而专注地观察着来来往往的人。

老人的外貌与双眼组合成了一个极不协调的画面，吸引了所有人的目光，人们窃窃私语：这不是普通的旅人，他一定是一个特殊的寻找者。

但是，老人到底在寻找什么呢？

一些好奇的年轻人忍不住问他："您究竟在寻找什么呢？"

老人说："我像你们这个年纪的时候，就发誓要寻找到一个完美的女人，娶她为妻。于是我从自己的家乡开始寻找，走过一个城市又一个城市，一个村落又一个村落，但直到现在都没有找到一个完美的女人。"

"您找了多长时间了呢？"一个年轻人问道。

"找了60多年了。"老人说。

"难道60多年来都没有找到过完美的女人吗？会不会这个世界上根本就没有完美的女人呢？那您不是到死也找不到吗？"

"有的，这个世界上真的有完美的女人，我在30年前曾经找到过。"老人斩钉截铁地说。

"那么,您为什么不娶她为妻呢?"

"在30年前的一个清晨,我真的遇到了一个最完美的女人散发着非凡的光彩,就好像仙女下凡一般,她温柔而善解人意,体贴、善良而纯净,天真而庄严,她……"

老人边说边陷进了深深的回忆里。

年轻人更着急了:"那么,您为何不娶她为妻呢?"

老人忧伤地流下眼泪,说:"我立刻就向她求婚了。"

"为什么?为什么?"

"因为,因为她也在寻找这个世界上最完美的男人。"

【心理学处方】

过度追求完美无疑是自寻烦恼,所以我们要尽快摆脱这种心理的困扰。高层次的人,都懂得拒绝做一个完美主义者,这就需要我们做到如下几点。

1. 正确评估自己的潜能

对自己的潜能既不要评估得太高,也不必过于自卑。有一分光发一分热。你如果事事要求完美,这种心理本身就成了你做事的阻碍。不要用自己的短处与别人的长处相比,而是要在自己的长处上培养起自尊和工作的兴趣。

2. 现实本就是不完美的:真实比完美更有力量

正所谓"有得必有失""鱼与熊掌不可兼得"。我们必须能够认识到,现实世界本身就是一个残缺的存在,没有所谓的完美。

无论是生于帝王之家还是富可敌国的贾人之家,你都应该让自己学会坦然地接受现实。这就是细节的力量,这个世界从来没有完美的现实,你必须老老实实地承认和呈现现实问题的复杂性。

人的一生都是在探索世界的真相。对于层次高的人来说，他们追求的是接受真实的世界，看到真实的世界，并且接受在有限的人生里追求无限的快乐，这是他们最佳的奋斗姿态。

3. 重新认识"失败"和"联统"

一次乃至多次的失败并不能说明一个人价值的大小。仔细想一下，如果从未经历失败，我们能真正认识生活的真谛吗？我们也许一无所知、沾沾自喜于愚蠢的无知中。因为成功仅仅只能坚定期望的信念，而失败则给了我们独一无二的宝贵经验。

人只有经受了失败的考验才能到达成功的顶峰。亡羊补牢，为时未晚。更不必为了一件事来做到尽善尽美的程度而自怨自艾。没有"瑕疵"的事物是不存在的，盲目地追求一个虚幻的境界只能是劳而无功。我们不妨问一问："我们真的能做到尽善尽美吗？"既然不能，我们就应该尽快放弃这种想法。

4. 为自己确定一个短期的目标

目标切合实际时就为你提供了一个新的起点，能促使你循序渐进地摘取事业上的桂冠。同时，你的生活也会因此而丰富起来，变得富有色彩、充满人情味，并不像你原来所想的那样黯淡。

5. 遵循自己内心，善于做人生的减法

层次高的人，他们会活得坦坦荡荡，他们追求的是活出自己。摩西奶奶曾说，要学会放下自己，尝试着改变自己的内心，让自己听从内心真正的声音，做出应该做的正确决定，这个决定无关财富、无关社会地位，它只与你的真诚相连，只是你内心真正声音的一种回应。

就像海明威一样，当他听说好友得了诺贝尔文学奖的时候，羡慕不已，马上匆匆起草了一篇文章，结果惨遭失败。直到他潜心多年，感悟生活，写出了惊世之作《老人与海》。

一个作家总是痛苦于自己写不出惊世佳作来,其实是他从来没有思考过写作是为了什么。我们为的是我们的内心,并不是为了让别人羡慕自己的才华。

我们需要及时反省,是不是自己过分的追求让自己疲惫不堪,是不是你已经偏离了原来的目标而追求无谓的东西。

高层次的人都懂得听从自己的内心,他们会去掉生活中烦冗的东西,这样才能活得越来越纯净。就像乔布斯总喜欢穿同样的衣服,因为对于他来说,这些都不是最重要的事情,所以用最少的时间来处理。他把更多的心思花费在了自己在乎的事情上,如创造一流的作品,正是因为这种时间分配的策略,他才成就了最好的自己。

可以说层次高有智慧的人,之所以拒绝做完美主义,其实更多是用探索的心态面对自我的生命,用活在当下的心态去珍惜我们生命的每一刻,听从内心想法,做人生的减法,活出自己想要的人生,这才是他们最为伟大之处。

小娜的烦恼

［抱怨］

"烦死了,烦死了!"刚一上班,就听到小娜在不停地抱怨,一位同事皱皱眉头,不高兴地嘀咕着:"好好的心情,全被你给吵坏了。"

小娜现在是公司的行政助理,事务繁杂,是有些烦,可谁叫她是公司的管家呢,事无巨细,不找她找谁?

其实,小娜性格开朗,工作起来认真负责,虽说牢骚满腹,但是该做的事情一点也不曾怠慢。设备维护、办公用品购买、交通信费、买机票、订客房等都是她的工作,小娜整天忙得晕头转向,再加上为人热情,中午懒得下楼吃饭的人还请她帮忙叫捎快餐。

刚交完电话费,财务部的老王就来领胶水,小娜不高兴地说:"昨天不是刚来过吗?怎么就你事情多,今儿这个明儿那个的?"抽屉开得噼里啪啦,翻出一个胶棒,往桌子上一扔,"以后东西一起领。"老王忙赔笑脸:"你看你,每次找人家报销都叫亲爱的,一有点事求你,脸马上就拉长了……"

大家正笑着呢,销售部的小张风风火火地冲进来,原来复印机卡纸了。小娜脸上立刻晴转多云,不耐烦地挥挥手:"知道了。烦死了,和你说一百遍了,先填保修单。"单子一甩,"填一下,我去看看。"然后边往外走边嘟囔:"综合部的人都死光了,什么事情都找我!"对桌的小王气坏

了："这叫什么话啊？我招你惹你了？"

态度虽然不好，可整个公司的正常运转真是离不开小娜。虽然有时候被她抢白得下不来台，也没有人说什么。虽然应该做的事她都尽心尽力做好了，可是那些"讨厌"之类的话"就你事情多"之类的话"不是说过了吗"之类的话实在是让人不舒服。特别是同办公室的人，小娜一叫，他们头都大了。"拜托，你不知道什么叫情绪污染吗？"这是大家的一致反应。

年末的时候，公司民意选举最受欢迎的人，大家虽然觉得这种活动老套可笑，暗地里却都希望自己能榜上有名。奖金倒是小事，谁不希望自己的工作得到肯定呢？领导们认为先进非小娜莫属，可一看投票结果，50多张选票，小娜只得了12张。

有人私下说："小娜是不错，就是太爱抱怨了。"

小娜很委屈："我累死累活的，却没有人体谅。"

【心理学处方】

抱怨是一种不良心理状态，会带来一系列不良后果，要克服这种心理需要注意以下几点。

1. 摆脱"受害者""委屈者"的状态

我们有一万种方法能让自己真正好起来，但前提是——让自己从一系列委曲求全的标签中走出来，如牺牲、过度付出、受害者、委屈者。

你心甘情愿地去做，做完为自己的行为和感受负责，不要一边做一边觉得"我都是为了谁谁谁"。

没人喜欢被这样的付出感绑架，也没人需要这样的付出。

不想做就不做，张开嘴，把真实的情绪表达出来。

2. 不要用付出来刷自己的存在感

这世上委屈的人多的是，不多你一个。

委屈并不会换来我们想要的幸福生活，只会让别人充满愧疚感和负累感，久而久之，对方就会厌倦而远离。

别再用"我没办法""我不得不做"作为付出的理由，问问对方，对方真的需要你这样做吗？

3. 不用刻意去善良，做一个真实的人

当一个真实的人，比当一个"好人"要重要得多。刻意的善良就是虚伪，而虚伪的人是不会换来功德与福德的。

如果你很在意别人的评价，那就去看看自己的内心——自己到底是有多自卑，需要靠得到别人的认可来获得价值感。

4. 独处时，检测下自己的信念

找一个时间，与自己独处，检测一下自己的信念。

你觉得委屈吗？为什么委屈？哪些事情让你觉得委屈？认真地想一想，把思绪整理在纸上和日记上。

当你写下来的时候，你就会看见自己内心真实的想法——事实上，我们是为了自己的某些诉求，才做了这些事情，对吗？然后，当期待没有得到满足的时候，我们就压抑了很多委屈和愤怒。

不要期待任何人对我们的感受负责，能满足我们自己的，能为我们自己感受负责的，只有我们自己。

你希望成为哪种类型的人，就需要获得哪种类型的思维方式。

注意你的思想，它会决定你的行动。

注意你的行动，它将构成你的思想。

强者和弱者之间，隔着一个"抱怨"。以前听到过这样一句话：我们可以是弱者，当我们只说困难的时候；我们也可以是强者，当我们只专注于解决问题的时候。

电视剧《平凡的世界》里，一心想跳出农村的孙少平为了进城，挤进了煤矿的招工队伍，不巧因为自己营养不良加上精神紧张，在体检时血压

偏高要被刷下来了。他既焦急又委屈，不知如何是好。情急之下，打电话给女朋友倾诉，说的是"我太倒霉了，他们太苛刻了"等丧气话。原以为女朋友会给他好一通安抚，如跟着他一起骂，或者让他干脆放弃回家，但结果出乎意料，女友非但一句都没有安慰，还给了他几句警告："我以为你在想办法解决了，原来你就是来向我抱怨的？你那些理想和目标呢？就被这个血压给打垮了吗？"女友的话如当头棒喝，敲醒了混沌中的孙少平。最后他冷静下来苦思冥想，终于找到了解决的办法。

可见，在强者和弱者之间，我们真的是需要戒除不断的"抱怨"的。

卡耐基说过：经常抱怨的人，就是在自废武功。

当你意识到思维需要改善时，就意味着全新的机会。

这个世界上，没有绝望的处境，只有对处境绝望的人。

幸福靠自己争取

[怨恨]

　　小燕是某国企中层领导干部，28 岁走到这一步，已经很了不起了，加上家中又有英俊、能干、体贴的丈夫及漂亮、可爱的女儿，她便成了同事、朋友们羡慕的对象。

　　可谁知，小燕最近异常憔悴，因为怨恨而痛苦不堪。原来，几天前，她的公公和婆婆对她说了一些不友善的话。丈夫是家里的独生子，而公公、婆婆都是思想非常保守传统的人，三年前儿子结婚时他们就一直盼着儿媳能给他们生个白白胖胖的孙子，以传宗接代，用他们的话说，就是"家族香火不能断"。眼巴巴地盼了三年，却事与愿违，两位老人极度失望。

　　虽说孙女极像儿子，非常乖巧，但仍难以消除二老心中的遗憾及对儿媳的不满。他们知道这是无法补救的事实，但有时仍忍不住会借机对儿媳说些难听的话。小燕怀孕那段时间，公公、婆婆对她都非常好，总是变着花样给她做好吃的，还不让她做任何家务活，总是让儿子陪着儿媳去公园散步。还有两个月才临产，他们就硬是让小燕请假在家休养。可是，一旦希望落空，他们便对小燕十分冷淡，甚至都不愿照顾刚出院的小燕。对这些，小燕并不在意，她觉得只要丈夫对自己好就行了，反正自己嫁的是丈夫，而且她还认为等时间久了，公公、婆婆还会重新接纳她及她的女儿。

就这样过了半年,女儿长得越发乖巧,但公公、婆婆的态度没有一点儿改变,甚至有些变本加厉,有时还无中生有,经常在儿子面前说小燕的坏话。小燕产生了强烈的怨恨心理,她说:"我再也无法和他们恢复昔日的关系了,往后的日子教我如何面对?"

认识他们家的人谈及小燕时都认为她是无辜的受害者,似乎不应该承受那么大的罪过,请她不要太伤心.但她愈想愈激动。她哭着说:"总有一天我会想办法报这个仇,让他们也尝尝这种滋味。"她说这话时的脸色十分吓人,眼睛像要喷火一样恐怖,拳头攥得紧紧的,似有深仇大恨一般。

小燕的心从此蒙上了灰色的阴影,离开了快乐和幸福,充斥着小燕内心的只有两个字——怨恨。这两个字控制了小燕的思维,占据了小燕的头脑,它们就像一把熊熊燃烧的火烤得小燕坐立不安。

【心理学处方】

怨恨是一种消极心理,我们要努力克服它,不要让其蔓延。具体做法如下。

1. 适当的否认

对痛苦的现实进行适当的否认,这是一种保护性的正常防御,如自我暗示说:"我并不是一无是处,我还有我的优点……""我有丈夫的支持,这是最主要的。"

2. 积极的压抑

把妨碍身心健康的痛苦体验或创伤性事件予以选择性遗忘,阻止它们扰乱正常的生活。比如,不要老是去想自己如何失败,自己的面子如何,而是想想怎样才能改变现状。

3. 有利的合理化

有两种表现，一种是"酸葡萄心理"，即把得不到的东西说成是不好的；另一种是"甜柠檬心理"，即在得不到葡萄而只有柠檬时，就说柠檬是甜的，两者的作用都是掩盖痛苦和失败，以保持内心的安宁。

4. 合理的移植

将指向某一对象的情绪、意图、欲望转移到另一个对象或替代的物体上，借此减轻精神负担，获得心理平衡。不是顺应不良的行为，而是用人们可以接受的方式，如体育活动、文娱活动等积极的行为。

5. 积极认同

从他人身上借鉴适应生活、工作、学习的有效方法和风格，从而自我安慰、自我解脱、自我调整、自我激励，正确对待自己、对待他人、对待生活。

一万英镑的房子

[仁爱]

这是一个真实的故事：

有位孤独的老人，无儿无女又体弱多病，他决定搬到养老院，于是宣布出售他漂亮的住宅。

这是一处有名的住宅，购买者闻讯蜂拥而至。住宅的底价是8万英镑，但人们很快就把它炒到了10万英镑，而且价钱还在不断攀升。要不是健康状况不行了，老人是不会卖掉这栋他度过大半生的住宅的。连日来，购买者没有一个如他所愿，老人深陷在沙发里，满目忧郁。

后来，一个衣着朴素的青年来到老人面前，弯下腰低声说："先生，我也想买这栋住宅，可我只有1万英镑。""但是，它的底价就是8万英镑，"老人淡淡地说。"如果您把住宅卖给我，我保证会让您依旧生活在这里，和我一起喝茶、读报、散步，相信我，我会用整颗心照顾您！"

老人站起来，挥手示意人们安静下来。"朋友们，这栋住宅的新主人已经产生了，就是这个小伙子！"

青年不可思议地赢得了经济上的胜利，梦想成真。

是的，现实生活中，有的人为了能赚到钱，出卖自己的人格、思想，甚至灵魂，但这个故事却让我们懂得了，完成梦想不是靠冷酷的厮杀和欺诈。其实，真正让一个人成为大赢家的，往往是那颗仁爱之心。

【心理学处方】

中国传统的"仁爱"以"信"为基础,与理想联系,人人皆有"仁爱"。西方的"仁爱"则认为爱人如己是人类最高理想,行为符合这种理想即符合诚信原则。

①不仅不要怨恨那些伤害过我们的人,还要感谢那些伤害过我们的人,因为他们磨炼了我的心志;感谢欺骗过我们的人,因为他们增进了我们的见识;感激遗弃我们的人,因为他们教导了我们应自立;感激绊倒我们的人,因为他们强化了我的能力。

②我们要尽量做到:遇事脾气小一些,说话态度平和些,待人心胸宽广些,律己尽量严格些,诸事统统包容些。

③我们要懂得照顾他人,体察别人的感受;要懂得谅解他人,同情别人的处境;要言语温和,行为有礼。懂得关怀别人,是成长的真正开始。当我们搬开别人脚下的绊脚石时,也许正是在为自己铺路。

一位被睡眠困扰的女孩

[心理性失眠]

有一个女孩晚上经常睡不着觉,为此她很苦恼,疲惫的她打算向医生求助,于是对医生说:

我叫小张,今年25岁,从大学毕业那年开始,不知为什么我几乎每天头都是昏昏沉沉的,做什么事都提不起劲,精神恍惚,老是走神。

现在我从事财务工作,天天和钱打交道。目前这种状态,对我来说是一件很可怕的事情,每天都是提心吊胆的。

我睡眠质量不好,大白天满脑子想着赶紧下班,下班了可以好好睡觉。可是,到了晚上,前一分钟明明困得不行,一躺到床上却怎么也睡不着。翻来覆去个把钟头终于睡着了,却又是一个接一个地做梦,直到醒来。这样,我又困得没辙。

以前,朋友都说我皮肤好,长得漂亮,现在被这样折磨,皮肤粗糙了,记性也变得很糟糕了。我想过看医生,可又不知道有没有这个必要,该看哪方面的医生。担心吃药后,会对药物产生依赖,情况变得更糟。所以,只好向您请教了,希望您能在百忙之中给我一些建议。

一位被睡眠困扰的女孩

【心理学处方】

经常失眠对身心健康不利，以下一些心理调节方法可以治疗失眠。

1. 维持正常的睡眠节奏

这是养成稳定的作息习惯的一部分，即有规律的睡眠，顺应身体的需求，不熬夜，睡眠充足。

2. 营造适宜的睡眠环境

应选在光线较暗的房间，环境安静，温湿度适宜，身体感觉舒适，并且要远离电视、电脑等辐射源，因为这些辐射源不仅影响睡眠质量，还对身体健康有害。

3. 做好睡前准备

睡前要放松心情，可以洗个温水澡、用热水泡泡脚、听听轻音乐等，尽量放松心灵，不要胡思乱想。另外，睡前不要饮用咖啡、浓茶等会让人精神兴奋的饮品，不抽烟、不暴饮暴食等，否则会严重影响睡眠质量，甚至造成失眠。下午 4 点以后不看恐怖片、睡前 30 分钟不做剧烈运动，它们会让人身体处于紧张状态，导致入睡困难。

4. 每天保持一定量的体育锻炼并且晒太阳

晚上睡不着觉，白天不能老躺在床上或沙发上。适当的体育锻炼有助于我们的睡眠，阳光有助于改善我们的昼夜生物节律。褪黑素是一种节律激素，有助于睡眠，光线会抑制褪黑激素的分泌，夜晚体内褪黑素的水平达到高峰。很多倒夜班的人因为无法遵循正常的昼夜节律，易发生一些睡眠问题。疫情期间可以在室内进行一定量的体育锻炼，在阳台晒晒太阳等。

故事里的心理学

5. 失眠的刺激控制疗法

新冠肺炎给我们带来了一系列的社会心理问题，人们易产生焦虑、抑郁、孤独等不良情绪，从而导致失眠。

心理、精神因素导致的失眠，实际上是一种行为上的条件反射，有效的方法之一是行为治疗，刺激控制疗法为首选的行为治疗方法。

刺激控制疗法是一套帮助失眠者减少与睡眠无关的行为和建立规律性睡眠—觉醒模式的程序。目的就在于使失眠者不要与失眠的条件建立联系，而与睡眠建立关系，并使机体形成正常的睡眠—觉醒节律。

其具体做法是：

①除了睡觉以外，其他时间不要待在床上或卧室里。把床当作睡觉的专用场所，不在床上从事与睡觉无关的活动，不要躺在床上看书、看电视、听广播等。

②躺在床上30分钟后如果仍睡不着，必须起床离开房间，去做些温和的事，如在客厅慢慢踱步，只在真正有了睡意时才上床。上床后如又不能迅速入睡，又马上起床，在沙发上坐一会儿，等再有睡意才回床。假如始终没有睡意，那就得如此这般直到天明。

③整夜之中，只要中途醒了而又不能迅速再入睡，都应按上条的方法办。

④每天早晨坚持在同一时刻醒来并起床，而不管晚上睡得如何。

⑤白天决不上床睡觉，也不在沙发上打盹。

要特别注意的是，睡不着离开房间的时候，就不要带着自己最终还会回到床上的念头，你脑子要想你不再睡了，你不能再睡了。你起床后所进行的活动，要温和、平静、少刺激，灯光应尽量暗一些，不要抽烟、吃东西或做体操。

条件反射的建立是一个缓慢的过程，要持之以恒才能获得疗效。开始时，会睡得很少，但如果能坚持训练下去，睡眠时间会加长。这种行为疗法对心因性失眠者疗效较好。

一位大学生的求助信

[浮躁]

小胡是一名大学生,最近遇到了烦恼,在朋友的建议下,他给一位心理医生写了一封求助信。信中这样写道:

您好!我是一名在校大学生,在学校遇到了几个问题,请求您给我分析一下,然后尽量给我一个解决问题的方法。

我现在大三,还有一年半就毕业了。首先是前程问题,在大一时我养成了不爱学习的习惯,一直延续到现在。

其实我也挺后悔的,我现在一到教室就烦,回到宿舍也无所事事,大部分时间都是这样,很无聊的。我学的是计算机专业,可是我并不喜欢这个专业,反而一直比较喜欢商业类的。反正就是现在心里很不是滋味,一是家里拿钱让我上学也很不容易的;二是自己以后的路。想到这些就有些歉疚和不踏实。请您纠正一下我的想法,告诉我怎样才能正确认识自己,并能充实地过完大学生活。

还有一个问题是情感问题,我一直都不信什么缘分,追求过几个女生,可是最后都没有成。我也不知道该怎么说了,总之,到现在感情上一直都不顺。我有点帅,个子不高,169厘米,心也很好。我说的都是真的!

不久后,医生给小胡回了一封简短的信:你现在的状况可以用两个字来概括——浮躁。

【心理学处方】

当今社会,浮躁的人不在少数,要克服浮躁心理,可以从以下几个方面做起。

1. 在比较时要知己知彼

"有比较才有鉴别",比较是人获得自我认识的重要方式,然而比较要得法,即"知己知彼",知己又知彼才能知道是否具有可比性。例如,相比较的两人能力、知识、方法、投入是否一样,否则就无法作比较,这样得出的结论就会是虚假的。有了这一条,人的心理失衡现象就会大大减少,也就不会产生那些心神不宁、无所适从的感觉。

2. 要有务实精神

务实就是"实事求是,不自以为是"的精神、是革新求变的基础。没有务实精神,重塑只是花拳绣腿,这个道理人人都应该明白。

3. 遇事善于思考

考虑问题应从现实出发,不能跟着感觉走。目标要实际,过程要坚实,真正做一个务实打拼的人。

詹姆斯的鸟笼

[鸟笼效应]

1907年,詹姆斯从哈佛大学退休。同时退休的还有他的好友物理学家卡尔森。一天,两人打赌,詹姆斯说:"我一定会让你不久就养上一只鸟的。"卡尔森不以为意:"我不信!因为我从来就没有想过要养一只鸟。"

没过几天,恰逢卡尔森生日,詹姆斯送上了礼物——一只精致的鸟笼。卡尔森笑了:"我只当它是一件漂亮的工艺品。你就别费劲了。"从此以后,只要客人来访,看见书桌旁那只空荡荡的鸟笼,他们几乎都会无一例外地问:"教授,你养的鸟什么时候死了?"卡尔森只好一次次地向客人解释:"我从来就没有养过鸟。"

然而,这种回答每每换来的却是客人困惑而有些不信任的目光。无奈之下,卡尔森教授只好买了一只鸟。

这是一个著名的心理现象,其发现者就是心理学家詹姆斯。它说的是:如果一个人买了一个空的鸟笼放在自己家的客厅里,过了一段时间,他一般会丢掉这个鸟笼或者买一只鸟回来养。因为买一只鸟,比解释为什么有一只空鸟笼,要简便得多,这就是著名的"鸟笼效应"。

在我们身边,包括我们自己,很多时候不都是先在自己的心里挂上一只笼子,然后再不由自主地朝其中填满一些什么东西吗?

启示一

看到鸟笼人们自然就会想到鸟,这就是人们的惯性思维。惯性思维是人们遵循之前固有的思路去思考问题,就像物体的运动产生的惯性。惯性思维会使人们的思想固定封闭而形成盲点,缺乏突破和创新。有时,人们需要跳出限定自己的固有思维,才能使遇到的问题迎刃而解。

启示二

由于厌烦被人询问和被怀疑才买了鸟养着,说明人们通常太在意他人的眼光而形成心理上的压力,并且更容易记住一些负面的东西,使自己心灵受到打击,可是现实是你的形象在不同人的眼里都是不同的,所以不要太在意,应该减轻外界对自己心理上造成的压力。

启示三

什么事情都不是绝对的,你认为合理的东西不一定是对的,也许它还有另一面。所以看待事情的时候要考虑它的两面性或者多面性,多思考,通过不同方面会获得不同的信息。

【心理学处方】

那么怎样才能摆脱"鸟笼效应"的影响呢?

1. 知己知彼,百战不殆

一旦两种事物总是同时出现,就会在我们潜意识里形成联系反应,当其中一个事物出现时,我们都会倾向于让另一个也出现。

2. 积极预防

时常检视自己潜意识中的"鸟笼",具体操作如下:

詹姆斯的鸟笼

①记下那些我们认为理所应当、本该如此的想法,然后回想这些想法是什么时候、怎样产生的。

②理智思考造成自己有这种思维的事物,是有效的吗?值得信赖的吗?有事实依据吗?

做到上面两件事,可以帮助你发现并破除很多被强行植入的"鸟笼效应"。

"鸟笼效应"的重要特点就是它产生的心理暗示,可以影响我们的行为。利用好这一点,我们可以帮助自己养成良好的生活好习惯。比如,大家都知道读书很重要,可以提升我们的生活品质,但是要养成读书的习惯并不是很容易,这个时候我们就可以给自己设置一个"鸟笼"。

敞开的书比合上的书更容易让人阅读,可以试着把要读的书翻开放在枕边,这样做效果是立竿见影的。刚开始我只是看到书翻开着,就拿起来随便看看,后来一天过一天,我越来越习惯这个动作,慢慢看的页数也就多了,直到现在,按照计划每个星期读完一本书的好习惯也养成了。

有奶不是娘

[依恋心理]

1958年,美国心理学家哈洛设计了一个别具一格的婴猴实验。

在这一实验中,哈洛把刚刚出生的婴猴从母猴所在的笼中取出,放到另一个装有两个人造代理母亲的笼子里。人造母亲用金属丝编成,一个纯金属丝的人造母亲胸前安有一个奶瓶,另一个的表面包裹着柔软的布,但不是奶瓶。

按理说婴猴应该经常趴在安有奶瓶的金属丝妈妈的身上,然而结果却相反,婴猴只是在肚子饿吃奶的时候爬到金属丝妈妈身上,而大部分时间都趴在布妈妈身上。如果在布妈妈身上也安上奶瓶,那么婴猴就几乎不接触金属丝母亲了。如果在婴猴下地玩耍的时候,突然放入一个自动玩具,就会看到婴猴吓得马上逃到布妈妈身上,但是不久它就开始观察这个恐怖刺激,然后下地试探接触,最后玩弄起这个玩具来。但是,对于在只有一个金属丝母亲的笼子里生长的婴猴重复这样的实验,则不会出现上述的情况,研究者看到婴猴极端恐惧地躲在一边,一直不敢去碰那个自动玩具。

【心理学处方】

亲密的身体接触建立起来的依恋关系,可以引导出孩子强烈的自我感知力、信任力及在生活中建立信任关系的能力。教育的根基在于好的关系，没有好的关系、还不如不教育。

以下几个方法可以有效地用来建立亲子间的依恋关系：

①请尽可能地采用母乳喂养，母乳中除了包含代乳品无法供给的养分和抗体外，在哺乳的过程中，宝宝躺在妈妈的怀里可以感受到温馨的母爱，就像在妈妈的子宫里一样。

②家长投入情感在与孩子的接触中，多与他拥抱、抚摸、亲吻、对视，抓住每次机会和他说话、游戏。家长投入的情感越多，现在和将来得到的收获就越多。亲子间依恋关系的建立，少不了父母的陪伴，让我们与孩子玩一个双方都熟悉的游戏吧。

③与孩子相互喂食。可由妈妈扮演婴儿，孩子扮演妈妈，让孩子喂东西给妈妈吃。

④让爸爸用皱纹纸将孩子装饰起来，作为礼物送给妈妈。妈妈假装不知道，满怀惊喜地打开，并告诉孩子："你是上天赐给我们的礼物，是我们最大的惊喜。"

有钱人的苦恼

[紧张]

西蒙先生从事皮毛生意,最近几年行情较好,赚了几百万美元,存了相当多的钱。他在事业上虽然十分成功,但却一直未学会如何放松自己。西蒙先生是位神经紧张的生意人,并且将生意场上的紧张气氛带回了家里。

西蒙先生下班回到家后,在餐桌前坐了下来,但心情烦躁不安。

这时候他的妻子走了进来,在餐桌前坐下。西蒙先生打了声招呼,一直用手敲桌面,直到一名仆人把晚餐端上来为止。他很快地把东西吞下,两只手就像两把铲子,不断把眼前的晚餐一一铲进嘴里。

吃完晚餐后,西蒙先生立刻起身走进起居室去。起居室装饰得十分美丽,有一张长而漂亮的沙发,还有华丽的真皮椅子,地板上铺着高级地毯,墙上挂着名画。他坐下的同时拿起一份报纸,匆忙地翻了几页,急急瞄了一眼大字标题,然后,把报纸丢到地上,拿起一根香烟,点燃后吸了两口,便把它扔到了烟灰缸里。

西蒙先生不知道自己该怎么办。他突然跳了起来,走到电视机前,打开电视机。等到影像出现时,又很不耐烦地把它关掉。他大步走到客厅的衣架前,抓起帽子和外衣,到屋外散步去了。

西蒙先生这样子已有一段时间了。他没有经济上的问题,家也是室内装潢师的梦想，他拥有两部汽车，事事都有人服侍他——但他就是无法放松心情。不仅如此，西蒙先生甚至忘掉了自己是谁。他为了争取成功与地位，已经付出他的全部时间，然而可悲的是，在赚钱的过程中，他却迷失了自己。

【心理学处方】

紧张是难以避免的，但若过度紧张并且持续下去，会给身心健康带来无法估量的损害，所以我们要力争克服这种心理。

1. 把烦恼说出来

当有什么事困扰你的时候、应该说出来，不要放在心里。把你的烦恼向值得你信赖的、头脑冷静的人倾诉，如你的父亲、母亲、丈夫、妻子、挚友、老师、学校辅导员等。

2. 暂时避开

当事情不顺利时，就暂时避开一下，去看看电影或书，或者做做游戏、随便走走，改变一下环境，这一切能使你感到松弛。强迫自己"保持原来的情况，忍受下去"，无非是在自我惩罚。当你的情绪趋于平静，而且当你和其他相关的人均处于良好的状态，可以解决问题时，你再回来，着手解决你的问题。

3. 每天晚上做一次反省

想想看，我感觉有多累？如果我觉得累，那不是因为劳心的缘故，而是我工作的方法不对。丹尼尔·乔塞林说过："我不以自己疲累的程度去衡量工作绩效，而用不累的程度去衡量。""一到晚上觉得特别累或容易发脾气，我就知道当天工作的质量不佳，"他说，"如果全世界的商人都懂得这个道理，那么因过度紧张所引起的高血压死亡率就会在一夜之间下降，

 故事里的心理学

我们的精神病院和疗养院也就不会人满为患了。"

4. 改掉乱发脾气的习惯

当你想要骂某个人时应该尽量克制一会儿,把这个想法拖到明天,同时用抑制下来的精力去做一些有意义的事情。例如,做一些诸如园艺、清洁、木工等工作或者是打一场球或散步,以平息自己的怒气。

5. 学会谦让

如果你觉得自己经常与人争吵时,就要考虑自己是否过分主观或固执。要知道,这类争吵将对身边的亲人,特别是会对孩子的行为会带来不良的影响。你可以坚持自己认为正确的东西,静静地去做,但也要给自己留有余地,因为也可能是错误的。即使你认为的东西被证明是绝对正确的,也可按照自己的方式稍做谦让。这样做了以后,你通常会发觉别人也会这样做。

6. 尽量在舒适的情况下工作

记住,身体的紧张会导致病痛和精神疲劳。人生有压力是不可避免的,谁还没有个烦琐难熬的事儿呢?既然明白了这一点,就要学会自我"减压",化解紧张。

丈夫离去的日子里

[孤独]

丽娜今年 57 岁，3 年前丈夫出了车祸，她悲痛欲绝，自那以后，便陷入了一种孤独与痛苦之中。"我该做些什么呢？"在丈夫离开她近一个月之后的一天晚上，她对朋友哭诉："我将住到何处？我将怎样一个人度过孤独的日子？"

朋友安慰她说，她的孤独是因为自己身处不幸的遭遇之中，才 50 多岁使失去了自己生活的伴侣，自然令人悲痛异常，但时间一久，这些伤痛和孤独便会慢慢减缓消失，她也会开始新的生活——从痛苦的灰烬之中建立起自己新的幸福。

"不！"她绝望地说道，"我不相信自己还会有什么幸福的日子。我已不再年轻，孩子也都长大成人，成家立业。我孑然一身还有什么乐趣可言呢？"丽娜得了严重的抑郁症，而且不知道该如何治疗。很长时间过去了，她的心情一直都没有好转。

有一次，朋友忍不住对丽娜说："我想，你并不是想特别引起别人的同情或怜悯。无论如何，你都可以重新建立自己的新生活，结交新的朋友，培养新的兴趣，千万不要沉溺在旧的回忆里。"她没有把朋友的话听进去，还在为自己的孤独自怨自艾。后来，丽娜觉得孩子们应该为她的幸福负责，因此便搬去与一个结了婚的女儿同住。

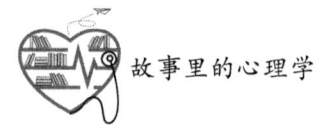
故事里的心理学

但事情的结果并不如意,由于丽娜的孤僻,她和女儿都面临着痛苦的生活,甚至恶化到母女反目成仇。丽娜后来又搬去与儿子同住,但也好不到哪里去。后来,孩子们只好共同买了一间公寓让她独住,但这更加重了她的孤独。

她对朋友哭诉道,所有家人都弃她而去,没有人要她这个老妈子了。丽娜的确一直都没有再享有快乐的生活,因为她认为全世界都在孤立她。她实在是既可怜,又可悲,虽然已年过半百,但思想还是像小孩一样没有成熟。

【心理学处方】

大家都看过《鲁滨孙漂流记》吧,鲁滨孙因为风浪击沉了他所乘的船,随海浪漂流到了一个无人居住的小岛上,开始孤身一人的生活。然而,孤独一直伴随着他,成了他最大的敌人。为了战胜孤独,鲁滨孙先是养了一只狗,后来又发现了一只猫,接着他抓到了一只鹦鹉并教会了它说话,于是听到了"人"的声音。后来,他趁吃人部落在荒岛上举行仪式时,解救了一个黑人,取名为"星期五",并教会他说话,于是鲁滨孙又进入了社会,有了自己的朋友。他的孤独感被完全克服,日子好过多了。

要想战胜孤独,保持健康的心理,我们可以采用以下方法:

①首先,要做到主动亲近别人,真诚坦率地面对生活,扩大生活圈子。不要守着自己一方空间,拒绝别人的侵扰,更不能远离人群,筑起心灵的防线。要以心换心,乐观开朗。

②结识新朋友的同时也不忘随时跟老朋友们保持联系,不应该只是在你感觉到孤独的时候才想起他们。要知道,别人也都和你一样,要想体会到友谊的温暖,就要为别人做点什么。

③亲近大自然。适当离开喧嚣的社会,接近大自然,享受大自然带给我们的乐趣,这也是排遣孤独的良好方式。只不过忙于名利和生计的人

们，早已没有恬适的心情去品味自然的美妙。

④多跟快乐的人相处，认识他们快乐的源泉，人的性格是受环境影响的，常跟快乐的人相处会让自己的身心也受到感染，慢慢地孤独感也就会消失。

只需要一根柱子

[自信]

克里斯托·莱伊恩是英国一位年轻的建筑设计师,很幸运地被邀请到参与温泽市政府大厅的设计。他根据自己的经验,运用工程力学的知识,很巧妙地设计了只用一根柱子支撑大厅天顶的方案。

一年后,市政府请权威人士进行验收时,对莱伊思设计的一根支柱提出了异议。他们认为,只用一根柱子支撑天花板太危险了,要求他再多加几根柱子。

年轻的设计师十分自信,他说:"只要用一根柱子便足以保证大厅的稳固。"然后通过计算和列举相关实例加以说明,拒绝了工程验收专家们的建议。

莱伊思的固执惹恼了市政官员,险些因此被送上法庭。

在万不得已的情况下,他只好在大厅四周增加了4根柱子。不过,这4根柱子全部都没有接触天花板,相隔了无法察觉的两毫米。

时光如梭,岁月更迭,一晃就是300年。

300年的时间里,市政官员换了一批又一批,市政府大厅坚固如初。直到20世纪后期,市政府准备修缮大厅的天顶时,才发现了这个秘密。

消息传出,世界各国的建筑师和游客慕名前来,观赏这几根神奇的柱子,并把这个市政府大厅称作"嘲笑无知的建筑"。最让人们称奇的,是这位建筑师当年刻在中央圆柱顶端的一行字：自信和真理只需要一根支柱。

让我们再次赞叹这位年轻的设计师——克里斯托·莱伊恩。

【心理学处方】

现实生活中，很多人并不自信，一个人要想增强自信，可以从以下几点做起。

1. 不是针对你

要知道别人的行为，即使是伤害性的，基本与自己无关。我们很容易看到别人的消极面，并把它当作对我们人格的轻蔑，对自我的挑战。但是这种反应会引起不必要的压力，使你不能集中精力于生活中的积极事物。别人就是别人，没必要把别人的行为与自己的快乐联系在一起。了解了这一点，你就能感到应有的轻松与自信。

2. 买合身的衣

不管身材怎么样，穿合身并使自己愉悦的衣服能够大大提升你的自尊心，不要等到最完美的时刻才穿最漂亮的衣服。衣服从来不会塑造人，但是如果外表发出不确定的信号，内心很难变得自信。喜欢你的穿着，而且全世界也有可能喜欢它。

3. 大声笑出来

让你的大脑为提供真正快乐和自信的安多芬打开一个出口。大笑会释放每天固定沉积在你身体上的压力，多与能使你快乐的人或团体打交道。虽然不必苛求这一点，但是稍微不注意，你的自信心就不会提升得那么快了。

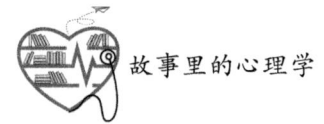

4. 享受独处

许多人都渴望在醒着的每一秒不是参加着这样的活动就是那样的活动，世界正飞速发展，这样的问题也日益层出不穷。要安然地与自己的思想独处，这将会给你的内心世界提供发展的空间，也会使你更加接纳自己，在别人面前显得更自信。

5. 做一个预算

如果这不是你的习惯，无论如何都要花时间做一做。声明对财产的控制是健康看待金钱的第一步。尽管许多人相信信心来源于大量的财富，但是信心是伴随着对你拥有什么和你需要什么的清醒认识的。

6. 言行一致

这不是说你要对生活中所有要做的事画一条准线，但是明确自己的目标并达成它，从简单的开始，这样会养成一种成功的思维，更容易使自己变得自信。目标可以是任意的，如第一次跑完 5000 米，将车库打扫干净或者是学会弹吉他或钢琴。不管你的目标是什么，找到一件真正渴望的事，善始善终，之后你会体会到成功带来的自信。

7. 接受自己的身体

人们都想要一直保持活跃，改善健康状况，但自信来源于这样的认识：不管你是高是矮，是胖是瘦，是年老色衰还是年轻漂亮，你都值得拥有自己及周围人的爱与尊重。真正了解了这一点，自信自然会流露出来。

8. 意识到自己实际知道的要比想象中要多

你以为其他人都知道所有的事情？其实并不是。如果你不了解什么，寻求答案一点都不羞耻。承认自己不知道答案是找到答案的第一步，而正确的答案正是自信的铺路石。

9. 充满热情

抑制感情是忽略真实情感及埋藏真正自我的好方法。快乐并总是充满激情，让全世界都看到，你的快乐会传播，你的自信也会感染他人。

最后，也是最重要的，不必遵照这 9 条建议中的所有方法去做，但是这些建议能促使我们找到自信，增强自我归属感。没有人在任何时候都能感到自信，但是这些策略能让你感到更加自信。

律师之死

[贪婪]

1996年2月21日,一位记者采访了一位老太太。下面是记者与老太太之间的对话:

问:"您怎么能活这么久?"

答:"上帝太忙,把我忘了。"

问:"您的长寿秘诀是什么?"

答:"没有秘诀。要是有,我早就高价卖给你们了。"

后来,老太太还是讲了自己对健康长寿的认识和体会:"人要知足常乐,千万不要让贪欲控制自己,整天琢磨人、算计人。健康是福,是最大的财富,花几百亿法郎也买不来寿命。"

为了进一步说明自己的看法,老太太又向记者讲述了一个她亲身经历过的耐人寻味的故事,想以此证明,知足者长寿,贪心者易短命。

那是1964年,老太太已90岁,一位男子找到了她家,非要每月给她一笔养老金不可。后来老太太得知这名男子从事法律工作,是一名律师。

这名律师告诉老太太:为了使她生活富裕,享受天伦之乐,自己将慷慨解囊,每月给她250法郎养老金。老太太喜出望外。但又想:世间哪会有这样的好事,一定有什么阴谋。

在老太太的追问下,这名男子终于说出了全部的盘算。养老金不是白给的，老太太去世后，其祖上留下的那幢房子要归他所有。老太太微微一笑，答应了，并到公证处做了公证。

当时这位男子年富力强，仅46岁。他胸有成竹、稳操胜券地展望，认为老太太顶多再活两三年就要走人了。

贪心的他天天盼着老太太生病快死，但她却一直健康如常，而且越活越精神。这名男子却郁郁寡欢，身体每况愈下，终于在他77岁时突发心肌梗死撒手西归。从这位男子实施这个计划到其去世的31年间，他先后给了老人9万法郎养老金，高出房产价值总额4倍多。

这位男子为自己的贪婪付出了沉重的代价，不但支付了老太太9万法郎，最后还把自己的生命给耗尽了。

【心理学处方】

贪婪并非遗传所致，而是个人在后天社会环境中受病态文化的影响，形成自私、攫取、不满足的价值观而出现的不正常行为的表现。若想改变，是可以做到的，具体方法如下。

1. 二十问法

这是一种自我反思法，即自己在纸上写出二十个"我喜欢……"，待全部写下后，再逐一分析哪些是合理的欲望，哪些是超出能力的过分的欲望，这样就可明确贪婪的对象与范围，最后对造成贪婪心理的原因与危害作较深层的分析。例如，有一个贪财的人在纸上连续写下"我喜欢钱""我喜欢很多的钱""我喜欢自己是个有钱人""我喜欢有许多财富""我喜欢过有钱人的生活"……他写完之后，就要思考一下自己对钱是否有一些过分的欲望，为什么许多举动都与钱有关。接着往下想：人的生活离不开钱，但这钱应来得正当，正所谓君子爱财取之有道，不能取不义之财。钱是身外之物，生不能带来，死不能带走，贪婪之心最终会阻碍自己的发展。然后分析自己是否有攀比、补偿、侥幸的心理呢？是不是缺乏正确的

人生观、价值观。

2. 知足常乐法

一个人对生活的期望值不能过高。虽然谁都会有些需求与欲望，但这要与本人的能力及社会条件相符合。每个人的生活有欢乐，也有缺失，所以不能搞攀比。俗话说，"人比人，气死人""尺有所短，寸有所长""家家都有本难念的经"。心理调适的最好办法就是做到知足常乐，"知足"便不会有非分之想，"常乐"也就能保持心理平衡了。

3. 自我反思

在规定时间内不经过思考，凭本能写下自己所喜欢的事物，然后通过冷静分析，看哪些是合理的，哪些是不合理的，对于超出能力范围的欲望加以克制。

4. 加强和提高理性思维

有所为才能有所不为，努力使自己的心情平静、安详、达观、超脱，坦然面对自己的一切，在理性下，会有正确的内在思考，从而让自己的行为被他人和社会接纳，与贪婪无缘。

贪婪是一条不归路，魔鬼诱惑人贪婪的弱点，乘虚而入，知足是一盏指引你回头是岸的明灯，放慢步伐，跟随它的足迹，抛弃外界的种种欲望，自己与心灵近距离的接触沟通，它会静静地告诉你，其实你拥有很多，别盲目的身在福中不知福，勿由外境所困，外境所迷，心灵显真无假，它是另一个自己，一个真正的自己。在心灵的引导找寻到自己现有的一切，倍加的珍惜，越是弥足珍贵的东西越易失去，错过永无重来可言。

谨记，贪的结局始终是一无所有，知足能配拥有，知足常乐，知足即是福。

我这里装的是蒸馏水

[从众效应]

有这么一个实验：某高校举办了一次特殊的活动，请德国化学家展示他发明的某种挥发性液体。当主持人将满脸大胡子的"德国化学家"介绍给阶梯教室里的学生后，化学家用沙哑的嗓音向同学们说："我最近研究出了一种具有强烈挥发性的液体，现在我要进行实验，看要用多长时间能从讲台挥发到全教室，凡是闻到一点味道的，马上举手，我要计算时间。"说着，他打开了密封的瓶塞，让透明的液体挥发……不一会儿，后排的同学，前排的同学，中间的同学都先后举起了手。不到2分钟，全体同学举起了手。

此时，"化学家"一把把大胡子扯下，拿掉墨镜，原来他是本校的德语老师。他笑着说："我这里装的是蒸馏水！"

这个实验，生动地说明了同学之间的从众效应——看到别人举手，也跟着举手，但他们并不是撒谎，而是受"化学家"的言语暗示和其他同学举手的行为暗示，似乎真的闻到了一种味道，于是举起了手。

【心理学处方】

从众具有消极的一面：抑制个性发展、束缚思维、扼杀创造力，使人

变得无主见和墨守成规。同时，从众也有其积极的一面：有助于学习他人的智慧经验，扩大视野，克服固执己见、盲目自信，修正自己的思维方式，减少不必要的烦恼和误会等。我们要扬"从众"的积极面，避"从众"的消极面，努力培养和提高自己独立思考与明辨是非的能力；遇事和看待问题，既要慎重考虑多数人的意见和做法，也要有自己的思考和分析，从而使判断能够正确，并以此来决定自己的行动。凡事都"从众"或"反从众"是要不得的。

从众心理的病因实质上是主体缺乏意识的主观能动性与独立性，通常这一类的人，对于事物缺乏独立的思考与对比，对于外在事物都处于一种排斥与顺从的中间状态。

做好个人规划，要对自己的生活学习有清晰的认识与规划，你要往哪走，该怎么走，心里要有一个设想，这样才不会轻易被别人带跑。

要坚定自己的信念，去评估自己想法的合理性，做到忠实自己意念的同时灵活地参照别人的观点，不从众并不是刻板只坚守自己的想法。

改变认识。我们一定要认识到，大部分人觉得对的东西不一定是对的，我们一定要有自己的见解，在和别人意见不一致的时候，也应该保留自己的见解。

提出质疑。当我们心里有疑问的时候，尽量把问题提出来，这样不仅可以避免一些从众的想法，而且如果提出的问题有一定的见地的话，别人也会对我们刮目相看。

博美人一笑，千里戏诸侯

[自私]

周幽王为了博褒姒一笑，竟然"千里戏诸侯"，最后导致亡国，可谓自私自利。平日里，他根本不理朝政，整天吃喝玩乐，醉心于女色。

有一次，周幽王竟然三个月没有上朝理政。周朝有个诸侯国叫褒国，其国君褒珦见天子如此荒唐，就来规劝，幽王根本不听，反而把褒珦关进大牢。

褒珦的儿子见父亲被关，非常焦急，于是就与母亲商量如何该救出褒珦。他们听说幽王非常喜欢美女，就花重金买下了一个年轻漂亮的少女，取名"褒姒"，教给她宫中礼仪，然后送给幽王。幽王见了大喜，于是下令放了褒珦。

褒姒有个怪脾气——她从来不笑，不管遇到多么有趣的事情，她都不会展露笑容。幽王十分纳闷，对褒姒说："王后生得这般妖媚，若再开颜一笑，必定更加动人了。"褒姒淡淡说道："贱妾生来就不喜欢笑，大王不必见怪。"幽王不相信，下决心要让她笑一笑。

幽王手下有个大臣叫虢石父，他出了一个点子。古时候，一旦遇到敌情，主要靠烽火台报警。那些烽火台遍布各诸侯国，相邻的两座能互相看见。如果白天某处发现了敌情，就点燃晒干的狼粪传递情报。如果是晚上，就点燃柴草，靠火光传递情报。这样一座传一座，用不了多长时间，

消息传遍全国,各地诸侯就会率部队赶往京都,听候调遣。

幽王听了这个计谋,决定一试。他下令点燃烽火,顿时狼烟四起,直冲云天。远近诸侯看到烽火点燃,还以为敌国来犯,于是纷纷点齐兵马,向镐京奔来。他们赶到镐京城下,只见幽王和褒姒坐在城楼上喝酒看热闹,却看不到一个敌兵。

诸侯们的这一阵奔忙,可把褒姒给逗笑了。她笑幽王如此轻率行事,笑诸侯这样容易上当。褒姒一笑,幽王高兴了,马上给了虢石父千金的奖赏。那些诸侯可气坏了,知道受了愚弄,就大骂一通带兵回去了。

等到真有敌情来的时候,诸侯们还以为又是幽王与王后嬉戏,全都按兵不动,就这样镐京被戎人攻破,幽王逃到骊山脚下,最后被杀掉了。

【心理学处方】

自私是一种极端利己的不健康心理。不顾他人利益,只在乎自己的得失,没有人会愿意与其共事,事业上难以取得成功。自私到一定程度,心理失衡,会导致为了满足自己的私欲铤而走险,触犯法律,做出危害他人或社会的行为。自私的心理,久而久之,会诱发报复、贪婪、嫉妒等不良心理,严重影响个人心理健康,导致人慢慢走向极端。

自私作为一种病态的社会心理,有很强的渗透性。所以我们每一个人都要从自我做起,克服这种心理,以防止其蔓延。具体方法如下。

1. 内省法

是指通过用自我观察的陈述方法来研究自身的心理现象。自私常常是一种下意识的心理倾向,要克服自私心理,就要经常对自己的心态与行为进行自我观察。观察时要有一定的客观标准,这些标准有社会公德与社会规范和榜样等。加强学习、更新观念、强化社会价值取向,对照规范与榜样找差距,并从自己自私行为的不良后果中看到危害并找出问题,总结改正错误的方法。

2. 多做利他行为

一个想要改正自私心态的人，不妨多做些利他行为，如关心和帮助他人、给希望工程捐款、为他人排忧解难等。私心很重的人，可以从让座、借东西给他人这些小事情做起，多做好事，也可在行为中纠正过去那些不正常的心态，从他人的赞许中得到利他的乐趣，使自己的灵魂得到净化。付出爱心，对未来充满希望。给予别人方便，会得到别人的帮助，在你困难的时候，也能得到更多的帮助。

3. 养成阅读的良好习惯

通过阅读提高自身修养。通过阅读，发现生活中的真善美，你会发现只要付出真心，人与人之间的相处是一件很快乐的事。

4. 换位思考

做任何事情之前，多从别人的角度思考问题，多考虑考虑别人的感受，想想自己的行为或言语是否恰当，是否会给别人造成不好的影响。